九型人格使用说明书

# 九型人格心理学

马 北◎编著

自查·识人·用人

民主与建设出版社

**图书在版编目（CIP）数据**

九型人格心理学 / 马北编著 . — 北京：民主与建
设出版社，2017.4

ISBN 978-7-5139-1512-0

Ⅰ.①九… Ⅱ.①马… Ⅲ.①人格心理学 Ⅳ.
①B848

中国版本图书馆 CIP 数据核字（2017）第 082144 号

**九型人格心理学**
JIUXINGRENGE XINLIXUE

| | |
|---|---|
| 出 版 人 | 许久文 |
| 编 著 | 马 北 |
| 责任编辑 | 郎培培 |
| 装帧设计 | 润和佳艺 |
| 出版发行 | 民主与建设出版社有限责任公司 |
| 电 话 | （010）59417747　59419778 |
| 社 址 | 北京市海淀区西三环中路 10 号望海楼 E 座 7 层 |
| 邮 编 | 100142 |
| 印 刷 | 唐山富达印务有限公司 |
| 版 次 | 2017 年 7 月第 1 版　2020 年 3 月第 6 次印刷 |
| 开 本 | 710mm×1000mm　1/16 |
| 印 张 | 15 |
| 字 数 | 123 千字 |
| 书 号 | ISBN 978-7-5139-1512-0 |
| 定 价 | 39.00 元 |

注：如有印、装质量问题，请与出版社联系。

人是社会性动物。直观的生活经验反复证明，我们每天都不得不花费大量时间和精力来与形形色色的人打交道。

有的人跟你"话不投机半句多"，有的人却能让你大呼"相见恨晚"；有的人让你感到生活充满了阳光，有的人却让你觉得生活是那么累。老实说，我们并不了解周围的人，很少能搞清楚对方在想什么，对方为什么会做出某种行为。我们甚至也不了解自己，控制不住自己的情绪，觉得自己跟理想的个人形象相差甚远。

由于这个缘故，我们经常被自己的性格缺点打败，也不知道自己有哪些优势可以开发，同时还对应付各式各样的人感到苦恼。

每个人在一生中需要处理好三种关系——自己与自然的关系、自己与社会的关系、自己与自己的关系。自然与社会都是无法单凭个人之力掌控的，你能掌控的只有你自己，而这又恰恰以全面深入地认识自己为前提。

古希腊哲学家苏格拉底把"认识你自己"作为自己哲学原则的宣言。中国古代思想家老子说："知人者智，自知者明。"因此，"认识自己"被东西方智者不约而同地上升到生命哲学的高度，这从侧面反映出"自知之明"有多么难能可贵。

所谓了解自己，主要指的是了解自己的性格。因为不同性格的人有着不同的思考方式和行事作风，在同样的条件下会做出不一样的选择，从而导致不一样的结局。每一种性格都有其优缺点，但能否扬长避短，则需要借助更多的智慧来指导。

而本书《九型人格心理学》就是帮助我们认识自己的一种有力工具。进一步说，这门应用心理学知识不仅能让我们更好地认识自己，也有助于大家加深对身边其他类型人的了解。

俗话说："江山易改，本性难移。"每个人的性格都是先天因素和后天因素综合影响下的产物，会伴随我们一生。关于性格，很多人都进入过这样一个误区：先寻找一个性格至善至美的"完人"做榜样，然后试图改变自己的性格，最终因过于压抑真实的自我而产生各种心理问题。

脱离自身性格类型来谈自我提升，只会让你觉得越来越别扭。其实，我们要做的并不是根据一个理性模板来改造自己，而是在弄清楚自己的基本性格之后，把自己真实的本色挖掘出来。按照九型人格心理学的说法，每一种人格类型都包含了丰富的变化，还分为健康状态、一般状态、不健康状态等发展层级。你无法摆脱自己与生俱来的人格类型，但你可以努力让自己的人格保持在健康状态的发展层级，充分发扬人格优势，并且弥补人格的初始短板。

本书能帮助每一位读者更好地认清自己、了解他人，找到属于个人的性格进化之路，从而让自己的人际关系更和谐。

# 目录

## 延伸篇

基础篇

# 第一章
## 九型概论——了解你的精神核心

　　九型人格是一套成体系的心理学理论，它把人们分为九种基本的人格类型。从表面上看，许多人在性别、年龄、种族、职业、言行举止上有很多差异，但深入提炼的话，就会发现他们在某些精神深处存在一致性。九种类型的人对世界的看法存在很大差异，弄清这些差异并以此指导人们的生活，就是九型人格与心理学的研究目标。

　　通过学习九型人格，我们可以更好地观察自己的内心世界，了解自己的优缺点，在此基础上召回真正的自己，唤醒我们的潜能。

　　在这一章中，我们会简述九型人格心理学的历史，介绍最基础的九种人格类型，以及国内外九型人格学的名家。本章末尾附有美国著名学者海伦·帕尔默制定的九型人格简易测试题，大家通过测试可以初步了解自己属于哪一种人格类型的人。

# 九型人格的演变及传播简史

> 阅前思考：九型人格心理学的源头是什么？

美国加利福尼亚大学心理学教授查尔斯·塔特博士第一次听到"九型人格"的概念是在1972年，他很快加入了由智利精神学家克劳迪奥·纳兰霍带领的美国伯克利大学的研究组。这是第一次将九型人格的概念与现代心理学进行融合。

九型人格的概念非常古老。有心理学专家猜测九型人格源于古代数学家的发现，由中东神秘主义教派苏菲派教团以九柱图（见图1-1）的形式发扬传承。但根据美国九型人格心理学家唐·理查德·里索和拉斯·赫德森的研究成果，九型人格及其类型体系的源头并非苏菲派教团，而是出现得更早。虽然某些苏菲派兄弟会保留九柱图并运用其相关观念，但九型人格的体系更可能源于早期犹太教传统与早期希腊哲学思想，尤其是以数学见长的古希腊毕达哥拉斯学派。这个观点得到了现代九型人格心理学家奥斯卡·依察诺的赞同。

无论九型人格的起源如何，这个以九柱图为基础的符号体系直到很晚才被西方人了解。将该体系传入西方世界的先驱是俄罗斯人乔治·伊万诺维奇·葛吉夫。

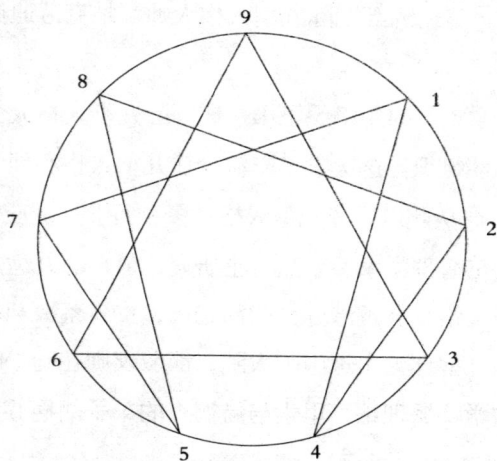

图1-1　九柱图

　　乔治·伊万诺维奇·葛吉夫是一位精神导师和探险家，他的一生充满了神秘色彩。他先后到过世界上各个神秘文化传统浓厚的地区游学（比如我国的西藏地区），有的人把他当成江湖骗子，有的人则认为他是一位应用心理学家。但在九型人格心理学的发展史上，他是一位关键人物。尽管葛吉夫把九型人格符号高度神秘化，未能将其发展成后来的应用心理学体系，但正是由于他的传播才让更多西方学者开始关注这门古老而神秘的学问。

　　学术界公认的真正意义上的九型人格心理学理论创始人是智利的心理学家奥斯卡·依察诺。现在的九大基本人格类型就是由他在20世纪60年代奠定的。他从智利来到美国成立了阿里卡研究所，致力于将东方神秘主义与西方心理学整合成一套新的应用心理学方法论。

　　来自美国研究所的约翰·利利博士与精神病学家克劳迪奥·纳兰霍博士在这里学习了依察诺革新后的九型人格理论。尤其是来自智利的克劳迪奥·纳兰霍博士，成为九型人格心理学的另一个关键人物，甚至可以称之为集大成者。

纳兰霍博士后来在伯克利大学创办的研究组进一步完善了九型人格心理学。此后九型人格心理学逐渐由美国向全世界传播开来。海伦·帕尔默、唐·理查德·里索和拉斯·赫德森等国际九型人格大师都把克劳迪奥·纳兰霍博士尊为一代宗师。

美国斯坦福大学于1994年组织了第一届国际九型人格大会，同年成立九型人格学会这一国际性组织。这次学术交流会让九型人格心理学进入了美国高校商学院的MBA项目。从此以后，九型人格被多种行业广泛应用。

据国内九型人格心理学家裴宇晶博士研究，最早将九型人格传入华人世界的是创办国际九型人格学会香港分会的徐志忠，接着蔡敏莉在2000年以后将海伦·帕尔默一派的九型理论引进中国大陆，熊淑仪则在同一时期引进了唐·理查德·里索的九型学院派理论，里索与赫德森的弟子胡挹芬则创办了国际九型人格学会分会。

国际九型人格协会创始主任海伦·帕尔默从2005年开始来中国大陆授课，国内大多数九型人格名家都是她的弟子。其中，李博文老师在九型人格心理学本土化及推广方面做出了很大贡献。

如今，九型人格心理学在国内多个领域都有广泛应用，并进入了北京大学、清华大学、上海交通大学的MBA、EMBA课堂。

# 九种基本的人格类型

（阅前思考：九型人格具体包括哪九种人格类型？）

九型人格心理学家把人格分为九大基本类型，然后在此基础上讨论各种人格的特征、变化、成因等内容。这九种人格类型分别是：

### 1号——完美型（完美主义者）

1号人格者认为人必须用正确的方法做正确的事，具有强烈的是非观念与道德观念。他们对别人要求严格，对自己要求更苛刻。注重细节，精益求精，几乎事事追求完美，不惜为此呕心沥血。在批评他人的同时，也非常喜欢反省自我。因为害怕犯错而瞻前顾后。

### 2号——助人型（帮助者）

2号人格者富有同情心，善于感知别人的微妙变化，是乐于助人的"活雷锋"。希望成为别人生命中不可缺少的角色，努力赢得所有人的爱戴。具有奉献精神，会根据他人的需要来调整自己的言行举止，以求获得对方的认同。在不断传播爱的同时，也希望他人以爱心来回应自己。

**心理学格言**

我想知道同一种人格类型的人是否对相似的冥想训练感兴趣，我还想知道每一种类型的人在训练过程中会遇到哪些典型问题。

——海伦·帕尔默

### 3号——成就型（成就者）

善于交际是3号人格者的主要特点，取得成就是这一类人的执念。他们希望成为有较高社会地位并受到众人仰慕的胜利者，害怕被社会抛弃。为了获得成功，这一类人会排除万难去赢得竞争，甚至不惜放弃真实的自我。社会推崇什么样的角色，他们就会变成那种角色，以便让自己看起来更有价值。这样做有利于他们获得成就感。

### 4号——自我型（浪漫主义者）

拥有极强的感性色彩与浪漫主义情结是4号人格者的特征。他们的自我意识最强，认为自己与众不同，喜欢孤芳自赏，容易陷入自我陶醉。他们性情善变而冲动，多愁善感，时常自怜自艾。这一类人不仅有艺术家的气质，用艺术和美学来表达自我的强烈愿望。

### 5号——思想型（探索者）

5号人格者极端理智，酷爱思考，在心智领域发挥自己充满灵感的洞察力。他们重视保护自己的隐私，与别人在情感上保持着一定的距离，不太会感情用事。为了能全神贯注地思考，他们在其他领域都尽可能地节约能量，以便把精力集中于正在研究的问题上。

### 6号——疑惑型（疑惑者）

充满矛盾是6号人格者的特征。各种截然相反的特点在他们的身上都有呈现。他们以怀疑的眼光看待世界，为此感到焦虑和疲惫。由于害怕失败，他们往往缺乏自信，并且总是未雨绸缪。耐人寻味的是，他们既怀疑一切，又敢于自我牺牲，书写可歌可泣的忠诚。这种特质又使得6号人格者被称为"忠诚型"。

### 7号——活跃型（享乐主义者）

7号人格者总是希望生活有多种选择，经常处于情绪高涨的状态。他们在人群中非常活跃，又精于世故、酷爱享乐。他们积极乐观，追逐着世界上一切有趣的事情。这一类人不喜欢做出承诺，做事常常会半途而废，只顾自己舒坦，显得缺乏定力。

### 8号——领袖型（挑战者）

拥有较强的能力和自信，争强好胜，敢于挑战人生，是8号人格者的本色。他们富有开拓精神与领导能力，做事果敢豪迈，意志刚强，从不轻易放弃自己渴望的东西。他们作风比较专断，控制欲较强，热衷于掌握权力，普遍比较以自我为中心。

### 9号——和平型（和平缔造者）

9号人格者是优秀的调解员。他们顺应时势，得过且过，给人一种自然得体而情绪淡定的印象。他们思想开放，心态乐观，容易满足。为了保持和谐融洽的氛围，他们会极力避免争端，甚至委曲求全，对一些问题睁一只眼闭一只眼。

九型人格心理学家常以九型人格图（见图1-2）来表示上述九种基本人格类型。其中，9号被放在九柱图顶端的正中位置，以便让九个号码形成对称分布的状态。图中的箭头包含了各种人格类型的整合方向与解离方向，揭示了人格变化的动态。

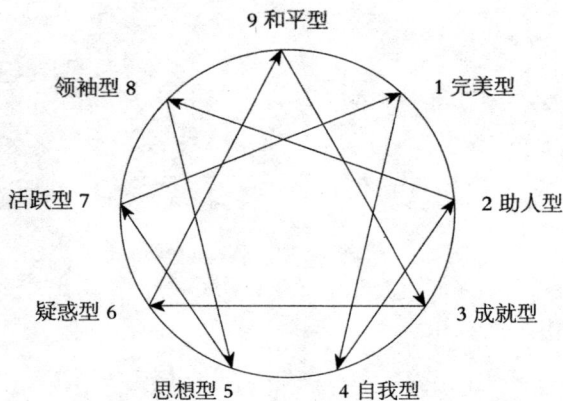

图1-2　九型人格图

如果仔细观察九型人格的九柱图，我们会注意到3、6、9这三个数字所在的位置恰好构成了一个等边三角形，其他六个号码构成了一个不规则的六角形。心理学家将3号、6号、9号人格定义为基础类型，其他六种人格类型则属于第二类型。关于这样区分的理由，我们将在后面逐步展开论述。

需要指出的是，九型人格对男女都通用，并且每个人的基本人格类型会伴随其一生。无论一个人发生了哪些变化，都不会脱离最基本的人格类型。

# 国内外九型人格名家

**乔治·伊万诺维奇·葛吉夫**：把九型人格传入西方的先驱，在圣彼得堡、莫斯科、巴黎办学讲课，催生了世界各地小范围九型人格研究团体。

**奥斯卡·依察诺**：现代九型人格心理学的奠基人，把九大人格类型的核心观点与葛吉夫的九型人格符号体系排列组合成现在的九型人格九柱图。

**克劳迪奥·纳兰霍**：九型人格心理学的集大成者，在学习了依察诺的九型人格理论后，通过大量访谈和精神病学治疗案例完善了每个人格类型的特征细节，让九型人格成为更加完善的应用心理学体系。

**海伦·帕尔默**：国际九型人格心理学大师，EPTP全球九型人格导师培训认证体系的创建者之一，曾经于1994年在斯坦福大学以国际九型人格协会创始主任的身份共同组织了第一届国际九型人格会议，2005年开始来中国大陆传播九型人格，是大陆首批九型人格心理学家的导师，著有《九型人格》《职场与恋爱中的九型人格》等全球畅销书。

**唐·理查德·里索和拉斯·赫德森**：他们是国际九型人格心理学大师，国际九型人格协会的创始人之一，培训了多

**心理学格言**

有关注意力和直觉类型的内容，可以说是我自己对"九型人格"学说的独特贡献。

——海伦·帕尔默

人类的直觉感应也有三种：通过思维产生的直觉，通过情感产生的直觉，以及通过身体中心——腹部产生的直觉。

——海伦·帕尔默

名九型人格专业人才，为多家世界五百强企业提供咨询服务，他们合著了《九型人格：了解自我、洞悉他人的秘诀》《九型人格：发现你的人格类型》等全球畅销书。

**李博文：**国内九型人格培训导师，海伦·帕尔默大师的中国弟子之一，获得了海伦·帕尔默专业九型人格培训机构颁发的九型人格导师资格认证，中国九型人格学院网的创始人，开发了九型人格与识人用人阶段Ⅰ、九型人格与识人用人阶段Ⅱ、九型人格专业导师育成系统、九型人格与27种副型等精品九型人格实用课程。

**汪庭弘：**全球首位指定九型人格课程衔接MBA课程的华人导师，国际九型人格协会注册专业培训导师，著有《俏佳人的九型人格世界：女人受用一生的性格密码》《因型施教 管教有法：活用九型人格与NLP提升父母管教技法》《九型人格：商业管理指南》《九型人格：洞悉自己与他人的艺术》。

**裴宇晶：**国内青年九型人格培训导师，国际九型人格协会认证导师，南京九芒星企业管理顾问有限公司首席讲师，南京大学商学院工商管理博士，曾经师从李博文系统学习九型人格心理学，与邹家峰合著有《九型人格与职业生涯规划》。

**邹家峰：**国内青年九型人格培训导师，兰州大学工商管理硕士MBA，2012年荣获"第八届中国企业教育百强九型人格专业十佳培训师"称号，曾经师从李博文系统学习九型人格心理学，与裴宇晶合著有《九型人格与职业生涯规划》。

# 海伦·帕尔默九型人格简易测试

下面共有108个描述，请先蒙住所有括号前边的数字，在你认为符合自身特点的描述前的括号内打钩，然后统计下自己的选项中哪种人格号码最多，个数最多的号码，很可能就是你的主人格类型。

| 型号 | 1号 | 2号 | 3号 | 4号 | 5号 | 6号 | 7号 | 8号 | 9号 |
|------|-----|-----|-----|-----|-----|-----|-----|-----|-----|
| 个数 |     |     |     |     |     |     |     |     |     |

9号（　）1. 我很容易犯迷糊。

1号（　）2. 我并不希望自己成为一个喜欢批评的人，但这点很难做到。

5号（　）3. 我喜欢研究宇宙的规律与人生的哲理。

7号（　）4. 我很在意自己是否看起来很年轻，因为那是我找乐子的本钱。

8号（　）5. 我喜欢独立自主，凡事都靠自己。

2号（　）6. 当我有困难时，我会想办法不让别人知道。

4号（　）7. 对我而言，被人误解是一件十分痛苦的事。

2号（　）8. 比起接受，施予会给我带来更大的满足感。

**心理学格言**

我们的直觉并不完全局限于我们的人格特征。

——海伦·帕尔默

我们完全能通过训练来提高自己的直觉感应能力，但是我们更容易获得与自身人格关注点相对应的直觉感应。

——海伦·帕尔默

6号（　）9. 我常常设想最坏的结果，因而总让自己陷入苦恼中。

6号（　）10. 我常常设法考验朋友与伴侣是否忠诚。

8号（　）11. 我看不起那些不像我一样坚强的人，有时我会用种种方式羞辱他们。

9号（　）12. 身体上的舒适对我来说非常重要。

4号（　）13. 我能触碰到生活中的悲伤与不幸。

1号（　）14. 如果别人不能完成他的分内事，我会感到失望和愤怒。

9号（　）15. 遇到问题时，我经常拖着不去解决。

7号（　）16. 我喜欢过多姿多彩、充满戏剧性的生活。

4号（　）17. 我认为自己非常不完善。

7号（　）18. 我对感官的需求特别强烈，喜欢美食、服装、身体的触觉刺激，经常纵情娱乐。

5号（　）19. 当别人请教我一些问题，我会给出巨细无遗的分析。

3号（　）20. 我习惯推销自己，从不觉得这有什么难为情的。

7号（　）21. 有时候我会放纵自己，做出僭越的事。

2号（　）22. 如果不能帮到别人，我会感觉痛苦。

5号（　）23. 我不喜欢别人问我广泛而笼统的问题。

8号（　）24. 我在某些方面有放纵的倾向（例如食物、药物等）。

9号（　）25. 我宁愿去适应别人（包括我的伴侣），也不想与他们对抗。

6号（　）26. 我最反感的一件事就是做人虚伪。

8号（　）27. 我知错能改，但由于强势好胜，周围的人还是会感觉到压力。

7号〔　）28. 我常觉得很多事情都很好玩、很有趣，人生真是充满快乐。

6号〔　）29. 我有时很欣赏自己成为权威，有时却又优柔寡断，想依赖别人。

2号〔　）30. 我习惯付出多于接受。

6号（　）31. 面对威胁时，我会变得焦虑，并且积极对抗迎面而来的危险。

5号（　）32. 我通常是等别人来接近我，而不是我去接近他们。

3号（　）33. 我喜欢当主角，希望得到人们的关注。

9号（　）34. 别人批评我，我也不会回应和辩解，因为我不想发生任何争执与冲突。

6号（　）35. 我有时期待别人的指导，有时却忽略别人的忠告去随心所欲地做我想做的事。

9号（　）36. 我经常忘记自己需要什么。

6号（　）37. 在重大危机中，我通常能克服自我怀疑和内心焦虑。

3号（　）38. 我是一个天生的推销员，说服别人对我来说是一件轻而易举的事。

9号（　）39. 我无法相信一个我一直都不能了解的人。

8号（　）40. 我喜欢按照惯例行事，不太喜欢改变。

9号（　）41. 我很在乎家人，在家里表现得忠诚和包容。

5号（　）42. 我性格被动而优柔寡断。

5号（　）43. 我很有包容力，彬彬有礼，但跟别人的情感互动并不深入。

8号（　）44. 我沉默寡言，好像不会关心别人似的。

6号（　）45. 当沉浸在工作或我比较擅长的领域时，别人会感觉我冷酷无情。

6号（　）46. 我常常对周围保持警惕。

5号（　）47. 我不喜欢那种必须对人尽义务的感觉。

5号（　）48. 如果不能完美地阐述看法，我宁愿不说。

7号（　）49. 我制订的计划比我实际完成的还要多。

8号（　）50. 我雄心勃勃，喜欢挑战困难，喜欢登上顶峰的体验。

5号（　）51. 我倾向于独断专行并独自解决问题。

4号（　）52. 我很多时候感到自己被周围的人遗弃了。

4号（　）53. 我常常表现出十分忧郁的样子，心中充满痛苦并且沉默寡言。

4号（　）54. 初次见到不认识的人时，我会表现得很冷漠和高傲。

1号（　）55. 我的面部表情严肃而生硬。

4号（　）56. 我的思绪很飘忽，常常不知自己下一刻想要什么。

1号（　）57. 我常对自己挑剔，期望不断改善自己的缺点，努力成为完美的人。

4号（　）58. 我的情绪体验特别深刻，并怀疑那些总是很快乐的人。

3号（　）59. 我做事有效率，也会找捷径，模仿力很强。

1号（　）60. 我讲道理，重实用。

4号（　）61. 我有很强的创造天分和艺术想象力，喜欢把事情做出新意。

9号（　）62. 我不需要得到别人的很多关注。

1号（　）63. 我希望每件事都能井然有序，但别人会认为我过分执着。

4号（　）64. 我渴望拥有完美的心灵伴侣。

3号（　）65. 我常夸耀自己，对自己的能力充满信心。

8号（　）66. 如果周围的人行为太过分时，我一定会让他下不来台。

3号（　）67. 我性格外向，精力充沛，喜欢不断追求成就，这使我的自我感觉良好。

6号（　）68. 我是一位忠实的朋友和伙伴。

2号（　）69. 我知道如何让别人喜欢我。

3号（　）70. 我很少能看到别人的功劳和好处。

2号（　）71. 我很容易注意到别人的功劳和好处。

3号（　）72. 我争强好胜，喜欢跟别人比个高低。

1号（　）73. 我对别人做的事总是不放心，批评完他们后，干脆自己动手。

3号（　）74. 别人会说我总是戴着面具做人。

6号（　）75. 有时我会激怒对方，引来莫名其妙的吵架，其实我是想试探对方爱不爱我。

8号（　）76. 我会极力保护我所爱的人。

3号（　）77. 我常常可以保持兴奋的情绪。

7号（　）78. 我只喜欢与有趣的人为友，对一些"闷葫芦"却懒得交往，即使他们看起来很有深度。

2号（　）79. 我常往外跑，四处帮助别人。

3号（　）80. 有时我会为讲求效率而牺牲完美和原则。

1号（　）81. 我似乎不太懂得幽默，说话做事缺乏弹性。

2号（　）82. 我待人热情而有耐心。

5号（　）83. 在人群中，我时常感到害羞和不安。

8号（　）84. 我喜欢讲究效率，讨厌拖泥带水。

2号（　）85. 帮助别人达到极致快乐和成功是我最重要的成就。

2号（　）86. 当我热心付出时，如果别人不能欣然接受，我便会有挫折感。

1号（　）87. 我的肢体硬邦邦的，不习惯别人热情的付出。

5号（　）88. 我对大部分的社交集会都缺乏兴趣，除非是我熟识并喜爱的少数人。

2号（　）89. 很多时候，我会有强烈的寂寞感。

2号（　）90. 人们很乐意向我倾诉他们所遭遇的问题。

1号（　）91. 我不擅长说甜言蜜语，而且别人会觉得我唠叨个不停。

7号（　）92. 我担心自己的自由被剥夺，因此不爱做承诺。

3号（　）93. 我喜欢告诉别人我所做的事和所知道的一切。

9号（　）94. 我很容易认同别人为我所做的事和所知道的一切。

8号（　）95. 我要求光明正大，为此不惜与人发生冲突。

8号（　）96. 我很有正义感，有时会支持弱势的一方。

1号（　）97. 我会因过于计较细节而影响效率。

9号（　）98. 我更容易感到沮丧和麻木，而不是愤怒。

5号（　）99. 我不喜欢那些侵略性太强或过度情绪化的人。

4号（　）100. 我是个情绪化的人，一天的喜怒哀乐变化无常。

5号（　）101. 我不想别人知道我的感受与想法，除非我自己打算告诉他们。

1号（　）102. 我喜欢刺激和紧张的关系，而不是稳定和依赖的关系。

7号（　）103. 我很少用心去听别人的心情，只喜欢说俏皮话与笑话。

1号（　）104. 我是一个循规蹈矩的人，秩序对我而言有着十分重要的意义。

4号（　）105. 我很难找到一种能让我真正感到被爱的人际关系。

1号（　）106. 假如我想要结束一段关系，我不是直接告诉对方，就是激怒对方主动离开我。

9号（　）107. 我生性温和平静，不喜欢自夸，也不爱与人竞争。

9号（　）108. 我有时善良可爱，有时又粗野暴躁，很难捉摸。

注意：这个测试是静态的，仅仅是为大家提供一个参考结论。人格实际上是动态变化的。所以，这项测试的结果在很大程度上受到你此时的心情、生活状态、测试用时长度的影响。因此，想要深入了解自己的人格类型，还需要进一步阅读本书以下内容。

# 第二章
## 九型三元组——情感、思维、本能

按照九型人格理论，人类的智能是由情感中心、思维中心和本能中心三个中心共同组成。本能中心又称腹中心，情感中心又称心中心，思维中心又称脑中心。只要某个中心被触发，其他两个中心就会产生相应的反应。三大中心一旦出现失衡，人的精神就会变得不健康。

由于不同的人格类型分属于不同的中心，九型人格理论把九种人格分为三个三元组，每个三元组各包含三种人格类型。其中，2号、3号、4号人格属于情感三元组，5号、6号、7号人格属于思维三元组，8号、9号、1号人格属于本能三元组。三个三元组形成了一种辩证结构，每个人都是以情感、思维、本能三种能力来应对外部环境。我们的人格特质就是在这三种能力的消长与平衡过程中逐渐形成的。

# 九型的三大中心：心、脑、腹

> 阅前思考：九型人格心理学的心中心、脑中心、腹中心分别
> 指的是什么？

　　心理学家葛吉夫、依察诺等人认为，人的智慧是由情感智慧、精神智慧、本能智慧三种形式组合而成的。九型人格心理学家凯伦·韦布进一步指出，这三种智慧分别对应了人的情感中心、思维中心、本能中心，从而把九型人格划分为心中心、脑中心和腹中心三大类别。

　　**心中心**

　　情感中心对应着人体中的心脏，产生的是情感智慧，故而也称心中心。2号、3号、4号人格都属于心中心主导的人格类型。他们理解世界的角度往往是从感情出发，通过承载感情的人际关系来影响周围的人和事。心中心的三类人格在情感智慧方面都非常出色，能迅速感知与回应他人的心情和需要。他们同时也更加依赖别人的认可来维持自尊，感情波动较大。

　　**脑中心**

　　思维中心对应着人体中的大脑，产生的是精神智慧，

故而也称脑中心。5号、6号、7号人格都属于脑中心主导的人格类型。他们通过理性思考来解读世界，运用卓越的精神智慧（俗称智商）来减少内心的焦虑，以缜密的观察分析能力来解决生活中的麻烦。无论在什么情况下，脑中心的三类性格者都能用思想的力量来获得精神上的满足，克服对未知威胁的恐惧。

**腹中心**

本能中心对应着人体中的腹部，产生的是本能智慧，故而也称腹中心。8号、9号、1号人格都属于腹中心主导的人格类型。他们通过"存在感"来体察世界，行动力比心中心和脑中心类型的人更强。人们往往无法察觉到本能智慧，但在自我保护关系、一对一关系（即亲密关系）、社交关系三个方面受其影响。腹中心的三类性格者会以自己的力量与地位来争取想要的生活，做事比较有毅力。

**九型的三大三元组**

在九型的三大中心的基础上，心理学家又把九种基本人格类型划分为情感三元组、思维三元组和本能三元组。其中，情感三元组对应着心中心，包含2号、3号、4号人格；思维三元组对应着脑中心，包含5号、6号、7号人格；本能三元组对应着腹中心，包含8号、9号、1号人格。划分情况见图2-1。

每一个三元组中包含有三种人格类型，由于对应着不同的中心，每个三元组都拥有同样的心灵能力。也就是说，2号、3号、4号人格者的心灵能力都集中在情感智慧上，5号、6号、7号人格者的心灵能力都集中在精神智慧上，8号、9号、1号人格者的心灵能力都集中在本能智慧上。当然，九种性格者都具备这三种智慧，只是在专长的程度上存在区别。

有趣的是，按照九型人格心理学的说法，三元组的三种人格体现了关于心灵能力的辩证法。其中必然有一种人格对相应的心灵能力表现不足，另一种人格对其表现过度，还有一种人格干脆与该心灵能力失去联系。这也是三种不同人格被归入一组的根本原因。

比如，情感三元组中的2号人格者是过度发展了情感能力，用正面情感压抑负面情感；3号人格者是压抑真实的情感，以便符合人们眼中的成功人士形象；4号人格者十分依赖情感，但对情感能力的开发却不充分。

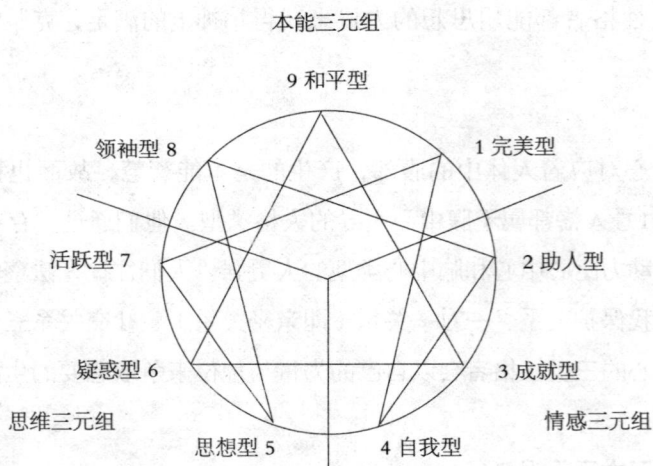

本能三元组

9 和平型

领袖型 8　　　　　　　　　　　　　　　　1 完美型

活跃型 7　　　　　　　　　　　　　　　　2 助人型

疑惑型 6　　　　　　　　　　　　　　　　3 成就型

思维三元组　　　　　　　　　　　　　　　情感三元组

思想型 5　　　　4 自我型

图2-1　九型人格中的三元组

思维三元组中的5号人格者是过度发展思维能力，用无休止的沉思代替了真正的行动；6号人格者总是在不断为自己的想法找依据，怀疑自己的思维方向是否正确；7号人格者则是思维能力开发不足，还没想清楚一个问题，注意力就跳到了别的地方。

本能三元组中的8号人格者对外界的本能反应过于强烈，急于行动而很少顾虑行动的后续影响；9号人格者则脱离了本能冲动，通过回避对外界做出反应来维持内心的平静；1号人格者则是未能充分发扬自己的本能，而以严格的"良心"与原则来压抑内心的一切本能冲动。

我们都拥有以情感、思维、本能来适应生活环境的能力。但每个人从童年开始都会以其中一种能力为中心，从而让另外两种能力变得相对边缘化。比如，心中心的人当然也具备思维与本能两种能力，只是因为对情感能力的认同度更高，才变成了情感中心主导的性格类型。

脑中心、腹中心的人也是如此。尽管三种能力在每个人体内共同作用，但有主有次、不断变化，从而达成不同的平衡关系，演化出我们的人格特质。这便是九型人格心理学的三大中心理论。

# 情感三元组：2号、3号、4号人格

> 阅前思考：情感三元组中的三种人格类型有何异同点？

　　尽管2号、3号、4号人格者的世界观、人生观差别极大（后面会详细地进行分析），但三者遇到涉及感情问题的领域时往往有着共同的优势和弱点。情感三元组的三种人极度关注自我形象问题，重视程度大大超过其他六种人格类型。他们在意个人的价值与脸面，受大家欣赏的程度直接影响着他们的自尊心。

　　"认同"与"敌视"是2号、3号、4号人格者需要解决的核心问题。他们认同的对象包括自己、别人，甚至两者兼具，敌视的对象也是如此。说到底，他们都是为了获得某种可能更容易被别人接受的人格而拒绝了真实的自我，以便大家认可自己现在的形象。

　　情感三元组的三种人都会因情感因素而成为人们欢迎的焦点，获得良好的人际关系。不过，这必须是在他们处于健康状态的前提下。

　　健康状态下的2号人格者富有爱心、慷慨仗义、体贴入微、乐于为人服务，能最大限度地调动自己与对方的正面情

---

**心理学格言**

即便是两个心灵不相通的人，他们也会找到一些共同点。

——海伦·帕尔默

九型人格中的每一种人格，都有向左右人格类型发展的可能；不仅如此，人们在压力状态或者安全状态下，还会发展成另一种人格。

——海伦·帕尔默

感。健康状态下的3号人格者善于提高自己并适应别人，懂得怎样让自己处于最有利的情势下，建立被社会主流价值观高度认可的自尊，并激励别人效法自己的成功。健康状态下的4号人格者有着出色的直观自省能力，能运用多种灵动的方式来与他人沟通，抒发自己的丰富情感。

虽然他们努力的方向不同，但都在运用情感能力来向大众传播积极影响，树立起备受赞誉的自我形象。若是处于一般状态下，三种人的表现就要逊色多了。

一般状态下的2号人格者依然很热心，但占有欲比较强，欲求也更多。他们希望得到别人的爱，却做不到充分表达自己的需求，从而过多干涉和控制别人，给对方造成困扰。一般状态下的3号人格者完全压抑了真实的自我情感，只是努力去扮演别人喜欢的样子，以求获得更多的肯定。一般状态下的4号人格者则过分重视自己的负面情感，开始减少社交，退缩到自己的幻想天地当中。

假如不能以积极的态度来完善自己，情感三元组的三种人就会从一般状态下滑到不健康状态。

不健康状态下的2号人格者希望别人把自己当成永远可爱善良的"白莲花"，却不肯承认自己有阴暗的内心，不承认自己操弄他人的行为其实非常自私。不健康状态下的3号人格者由于自己塑造的形象无法赢得他人的赞美与注意，于是变得对周围充满敌意，甚至做出一些极端恶劣的行径。不健康状态下的4号人格者会陷入抑郁，心灵每天被自我怀疑与自我憎恨折磨着，很可能会走上自我毁灭的道路。

情感三元组面对的是共同的问题，但处理方式的不同造成了2号、3号、4号之间的人格差异。

2号人格者看似热心积极，实则经常拒绝面对自己的真情实感，只想着保持"慷慨而可爱"的自我形象。当他们对周围的人感到失望时，心灵会陷入挫败与悲伤的泥沼，进一步压制自己的真情实感，通过自我欺骗来维持那个看起来很可爱的自我形象。他们想成为众人爱戴的"大爱无私之人"，哪怕自尊遭到践踏、身心俱疲，也还是想着尽力去寻求他人的赞赏。

与之相反的是4号人格者。4号人格者把注意力转移到了自己的情感及想象世界中，从而构建某种理想化的自我形象。但这种自我形象与他们在现实生活中的实际形象并不见得是一致的。由此造成的挫败感会让4号人格者为了维护心中理想化的自我形象而排斥现实生活。如果说2号人格者是靠压抑自己的负面情感来维持正面形象，那么4号人格者则是压抑自己的正面情感来塑造无辜受苦的自我形象。如果说2号人格者是通过与他人的亲密联系来维持自我形象，那么4号人格者就是通过显示自己的与众不同来获得自认为"独特"的自我感觉。

3号人格者处于情感三元组的中心位置，故而塑造自我形象的思路兼具另外两者的特点。他们既像2号人格者一样渴望大家认可其正面的自我形象，同时又像4号人格者那样在内心创造一个理想化的自我形象，以此为努力目标。由于3号人格者既在意外界评价，又在意内心的想象，于是离自己真实的情感和需要比其他性格类型要远。

# 思维三元组：5号、6号、7号人格

> 阅前思考：思维三元组中的三种人格类型有何异同点?

　　5号、6号、7号人格者在生活中给人的印象截然不同，但三者的优势和弱点都与思维能力有关。思维三元组在思维能力方面有着比其他性格类型更好的天赋，假如能充分开发的话，会培养出深邃的洞察力，提出不凡的见解与奇妙的创意。而他们存在的不足，往往也与思维方面息息相关。

　　思维三元组的三种人心中都存在焦虑与不安全感。他们总是觉得自己缺乏他人或者环境的必要支持，内心为此感到恐惧和焦虑。为了获得足够的安全感，克服内心的恐惧，5号、6号、7号人格者会以不同的方式来化解自己的焦虑，从而保持心灵的健康状态。

　　在健康状态下，5号人格是九型人格中感知力和洞察力最强的一类。他们精通某个领域的各种知识，并能提出非常极具创造力的办法来解决疑难问题。健康状态下的6号人格者有着条理分明的思维能力，最善于预判潜在隐患。他们会发扬奉献精神，作为忠实可靠的朋友来积极保护大家的正当利益。健康状态下的7号人格者有着过人的敏锐，对周围的

**心理学格言**

如果你的位置在九型人格图中发生了变化，而别人没有找到与你的人格交汇点，那你们就很可能无法相互理解。

——海伦·帕尔默

如果你还不能确定自己的人格类型，那至少要试一下把范围缩小到两三种最相似的候选类型。

——拉斯·赫德森

事怀有高度的热忱，能以不寻常的办法来解决问题。他们积极参与多种活动，并都能有所建树。

不过，思维三元组的人虽然属于脑中心类型，但不等于他们的思维水平就够高。这使得他们在一般情况下的表现并不出类拔萃。

一般状态下的5号人格者长于思考而拙于行动，头脑中的奇思妙想令其沉醉不已，导致他们不太愿意将想法转化为实际行动。一般状态下的6号人格者比较缺乏自信，往往会寻求权威人士或权威机构的"认可"，依赖权威为自己指明方向，但他们同时又认为必须通过对抗权威的形式来展现自己思想上的独立性。一般状态下的7号人格者毫无热情，甚至会变得冷酷无情。他们尝试各种事情，为了寻找新鲜的刺激而不择手段，却总是又虎头蛇尾。讽刺的是，他们越是这样越无法化解心中的焦虑。

随着不安全感与焦虑的增加，思维三元组的人会坠入不健康的心理状态，思维能力变得越发混乱。

不健康状态下的5号人格者完全与现实生活脱节，搞不清什么是真实、什么是虚幻。这个阶段的5号人格者心中失去了引以为傲的感知力与洞察力，思维能力还不如其他性格类型的普通人。他们试图努力思考一个解决之道，却在找到办法之前惹出更多的新麻烦。不健康状态下的6号人格者会完全被焦虑压垮，不安全感让他们极度自卑，引导他们逐步走向自己最害怕的自我毁灭之路。不健康状态下的7号人格者会变成一个以自我为中心的醉生梦死者，玩物丧志，放浪形骸，无节制地纵情享乐。

思维三元组都把克服焦虑和不安全感作为生命中的核心任务，但对抗焦虑的方法大相径庭。

5号人格者的担忧来自于自己的能力是否足以处理周围环境中的潜在威胁。对他们来说，内心世界是一个安全的港湾。为此，他们一方面通过不断加强某方面的知识能力来增加自信；另一方面则极力减少社交联系，避免依赖他人。换言之，5号人格者会先从相关环境中退缩，退而结网，直到认为自己有足够的知识技能解决问题时才重新走出来。

　　与之相反的是7号人格者。7号人格者表面上热情开朗、豁达乐观，乐于尝试新的冒险，喜欢广泛交游，与最不热衷社交的5号人格者形成鲜明反差。但他们骨子里依然充满了忧惧，不肯面对内心的焦虑和痛苦，他们怀疑自己无力安抚心中的失落与忧伤，故而从外部环境中寻求支持，比如，通过不断投身社交活动和社会事务来麻痹自我，减轻焦虑与不安全感。

　　在6号人格者的身上，思维三元组的核心问题——克服焦虑和安全感表现得最为突出。6号人格者处于思维三元组的中心，对外部环境的恐惧类似5号人格，也和7号人格者一样不愿承受内心世界的痛苦。这使得他们致力于打造一道阻挡外部环境威胁的防火墙和保护网，同时还千方百计地建立一个稳定可靠的信仰体系，以寻求内心的安全感。只有内外两方面的焦虑和不安被克服，他们才能保持心灵的健康。

# 本能三元组：8号、9号、1号人格

> 阅前思考：本能三元组中的三种人格类型有何异同点？

内在的本能智慧是8号、9号、1号人格者应对外部世界与内心世界的主要武器。本能三元组的三种人格类型在本能智慧领域有着得天独厚的潜力，但他们的弱点也同样与本能息息相关。在本能的驱动下，他们的行动力超出了情感三元组与思维三元组的各种人格类型。

在本能三元组的心灵深处，"压抑"与"攻击性"是他们不得不共同面对的核心问题。而且他们都在以不同的方式维护自己的某种边界，以此抗衡他人对自己的影响，从而维持自己心灵的健康状态。

健康状态下的8号人格者有着敏锐的直觉与昂扬的生命活力，善于看清事情的演变方向与人们忽略的长远问题。他们有着强烈的自信和勇气去领导周围的人一起完成某项了不起的成就。健康状态下的9号人格者有着开明的思想与广阔的心胸，能完全认同某一种理想或者某一个人。无论周围的环境如何恶劣，无论周围的人如何慌乱，他们都能保持泰山崩然不动的沉稳气度，以乐观平和的心态让众人重拾信心与

---

**心理学格言**

人们总是挑选他们喜欢的而不是事实上的人格类型。

——拉斯·赫德森

你对人格特征描述的了解越深入，对自己的认识越全面，就越能准确发现自己究竟属于哪一种人格类型。

——拉斯·赫德森

勇气。健康状态下的1号人格者作风理性、公私分明、讲究诚信、坚持原则，对是非对错有着清醒的认识，富有良知与社会责任感，做事也很讲究策略。

不过，掌握本能智慧并不是一件容易的事。本能三元组需要抑制本能驱动力带来的攻击性，但在一般情况下，8号、9号、1号人格者对本能冲动的整合水平有起有伏，优缺点都很鲜明。

一般状态下的8号人会顺着本能冲动行事，攻击性和控制欲都比较强，急于展示自己的不凡，总想控制周围的一切，不太在乎他人的感受。一般状态下的9号人格者因不擅长应对现实中的问题，而疏离与他人、环境之间的联系。他们还会把别人或者某种抽象的观念过度美化，以便回避现实冲突并保持内心的宁静。一般状态下的1号人格者无法与自己的本能冲动达成平衡，于是不断加大克制力度。他们希望一切都完美得挑不出毛病，一旦发现某个人或某种事物不如原本认为的那样完美无缺，就会感到非常失落。

当本能三元组三种人过分压抑自己的内心时，很可能会因不堪重负而变得更加具有攻击性。

在不健康状态下，8号人格者就成了典型的"暴君"，无情地摧毁所有阻挡自己的一切，冷酷地迫害周围的人，把自己本能中的攻击性毫无节制地宣泄出来。不健康状态下的9号人格者几乎完全依附于自己的幻觉当中，而且这种幻觉与现实完全脱节。这使得他们不仅对周围的一切抱有疏忽怠慢的态度，还隐藏着极度的危险性。不健康状态下的1号人格者将变得极度自负，对细节完美的执着达到了变态的程度，对人和事全无宽容心。他们为了自己所谓的"最高理想"，不惜残忍地对待他人，而且刚愎自用，毫无自省之心。

本能三元组中的三种人都在与自己的本能进行博弈，通过树立自我的边界来应对外部压力和内心的本能冲动。由于应对思路不同，他们的性格反差非常鲜明。

8号人格在九型人格中拥有最强的攻击性，也最为骄傲自满。他们往往是过度表现自己的本能，示范自己的能量。他们极度自信，不畏惧冲突，但骨子里害怕被外部世界束缚，害怕被别人操纵和伤害。为了主宰自己的命运，他们往往以强硬的、挑战的姿态来为人处世，通过展示力量来表达自己的意愿。然而，这样做的代价是，8号人格者会压抑自己脆弱与犹豫的一面，压抑自己渴望与别人亲近的心愿，在高处不胜寒的处境中损害自己的心灵能量。

1号人格在很多方面与8号人格截然相反。8号人格是过度表现本能，1号则是过分压抑本能。1号人格者有着强大的自制力，但这实际上是一种隐形的攻击性，只不过是把矛头对准了自己。他们会因为细节上的问题严厉批评他人，这也是一种攻击性的体现。由于强力压抑自己的本能，1号人格者很容易变得紧张、愤怒，产生内心冲突。但他们又极力对抗自己内心世界中一切非理性的东西，唯恐自己走向失控。最终，他们会因此陷入无休止的内心斗争中。

9号人格处于本能三元组的中心，看起来最宽厚平和、人畜无害，实则既像8号人格者那样抵抗外部环境的影响，又像1号人格者那样抵御内心的本能冲动。他们为此压抑了本能，极力维持着心灵的平衡。在寻求平衡的过程中，9号人格者会逐渐丧失本能驱动力，变得越来越冷漠，活力也日渐消退。他们想冲出红尘烦恼以寻求解脱，但又只是满足于在心中创造一个理想化的现实世界，从而牺牲了对真实生命体验的兴趣。

指南篇

# 第三章
## 2号——"我爱故我在"的帮助者

　　他们是你身边最热心肠的人。只要你有困难，他们就会仗义疏财、四处奔走，做事情比你自己还上心。甚至你只是面露难色，还没想好该向谁求助时，他们就已经察觉到你需要帮助。由于他们的存在，我们才会相信"让世界充满爱"不只是一句口号，并且相信助人为乐的品格是确实存在的。

　　他们非常重感情，喜欢广结善缘、四处交友。他们经常打听他人的疾苦，为大家提供关怀，甚至在某种程度上显得很"多管闲事"。但是，你身边几乎没有多少人会真正讨厌他们。就算是一开始觉得他们是个伪君子，最后也会被他们的爱心彻底折服。他们与人为善，熟悉人情世故，往往有着很好的口碑，深受大家的欢迎与信赖。假如说你不清楚什么叫"情商高"的话，看看这一类人就清楚了。

　　他们就是2号人格者，又称帮助者、照顾者。

# 如何识别2号人格者

**阅前思考：2号人格者常用的口头禅有哪些特点？**

如何识别2号人格者？具体识别信号及内容见下表。

**心理学格言**

2号人格者总是说，当他们在不同的角色之间转变时，他们遗失了"真正的"自己。

——海伦·帕尔默

对于2号人格者来说，自己给予对方的东西，一定也是他们希望得到的回报。

——海伦·帕尔默

只要给予和回报失云了平衡，2号人格者就会抱怨不已，这是他们在无意识地提醒他人"我付出了"。

——海伦·帕尔默

| 识别信号 | 特　点 |
|---|---|
| 价值观 | 喜欢满足大家的需要，尤其是情感需要。对自己在群体中的重要性感到自豪，最好是大家都离不开自己，不想变成不被需要的孤单的局外人。希望通过热情帮助来赢得别人的支持，避免被别人讨厌。为了满足别人的需要可以扮演多个不同的角色，以至于对自己的需求反而感到模糊不清。希望具有人见人爱的魅力，成为大众信赖的重要人物。希望自由自在地做事，却又意识到自己被别人的需求牵扯了很多能量，内心时常因此陷入矛盾。 |
| 性格关键词 | 慷慨大方、古道热肠、重视感情、富有爱心、乐于助人、热情开朗、多管闲事、占有欲强。 |
| 关注点 | 周围人的需求，包括生活、工作、学习等各个方面的大小需求。 |
| 着装风格 | 重视打扮，喜欢舒适的大众化服饰，不喜欢过于鲜亮或新潮的衣着，会努力营造出一种富有亲和力的形象。 |

（续表）

| 识别信号 | 特 点 |
|---|---|
| 说话方式 | 讨论内容往往以别人的情况为主，很少说自己的情况。遣词造句没什么逻辑性，感情色彩非常浓厚，会围绕着关键人物东一句西一句地侃大山。说话时会注意观察对方的心思，选择最能取悦对方的表达方式，所以跟大多数人都能聊得来。<br><br>习惯用语有：感觉怎么样、舒服吗、帮把手、要不要、好不好、行不行等。 |
| 眼神表情 | 眼神温暖柔和，让人如沐春风。目光坦诚而热情，没有质疑和游离，不会给人深不可测或不友好的感觉，而是充满关爱。<br><br>表情亲切温柔，笑容很多且非常有感染力与亲和力，容易让人感到一见如故。 |
| 肢体语言 | 动作柔软而有力，不排斥与人有身体接触，甚至会有意无意地主动靠近对方。比如握住对方的手、轻拍对方的肩膀、来一个拥抱等等。 |

## 2号人格代表名人："猫王"埃尔维斯·普雷斯利

埃尔维斯·普雷斯利（1935—1977年）：美国著名摇滚歌星，以富有魅力的风度对美国大众文化产生了巨大的影响。他在短暂的一生中把乡村音乐、布鲁斯音乐和摇滚乐融会贯通，让摇滚音乐从此风行世界。

# 精神内核：付出爱，赢得所有人的喜欢

有些人在童年时期感觉自己被父母或其他重要的人忽略，后来通过满足别人的期待而得到了喜爱。这种经验让他们开始认为，只有先付出爱才能得到爱，于是学会了以迂回的方式来满足自身需要。他们就是2号人格者——"我爱故我在"的帮助者。

直到成年后，2号人格者最在意的还是那个"爱"字。这个"爱"并不只是狭义的爱情，而是包含了多种情感。按照2号人格者自己的理解，"爱"是一种正面的、美好的、深沉的情感，包括帮助他人、呵护弱小、奉献社会、与别人保持形影不离的亲密关系等内涵。他们深信爱的力量可以战胜一切。

但2号人格者的"爱"具有很广泛的外延，博爱、关爱、宠爱、溺爱、痴恋、执迷都能在这一类型的人身上体现。他们可能是至善的天使，也可能是扭曲的恶魔，但无不以爱的名义来行动。毫不夸张地说，2号人格者的精神内核就是围绕"爱"来展开的。努力付出爱，再从对方身上得到回馈的爱，这就是他们最核心的价值观。

从本质上说，2号人格者助人为乐的动机与其他性格类型的人不一样。他们热心帮助别人并不是完全不计回报地无私奉献。虽然通常不需要物质利益上的回报，但2号人格者非常希望对方能从感情上回报自己。他们非常善于分辨别人的需要和难处，故能主动伸出援手。假如对方不领情的话，他们会感到很受伤，因为没有得到自己想要的回馈。2号人格者并不是真正的太阳，他们不会在满足他人需求时体验到自豪感，而是会期待对方也能"投之以桃，报之以李"。

相对于跟冷冰冰的机器和数字打交道，2号人格者对人际关系问题更感兴趣，这也恰恰是他们的长处所在。

他们能敏锐地注意到对方的口头禅，察觉对方谈论什么话题时会心情舒畅，什么话题会让他们眉头紧锁，然后迅速找到最让人舒服的方式来交流。总的来说，2号人格者总是把注意力放在他人的需要上，因为唯有如此才能在第一时间里满足他人的需要，积极地促进情感交流。

从这个意义上来说，2号人格者最懂得怎样暖化人心里的坚冰，让人感到心灵被温柔地照拂。他们通过帮助别人来成就自己的爱心，进而让周围的生活环境也变得更加充满爱心。如果能成为人人称赞、人人信赖的大众之友，他们深层的心灵需求就能得到充分满足。

# 职场角色：古道热肠的"绿叶"

> 阅前思考：2号人格者为什么很容易成为团队中的"大管家"？

2号人格者最擅长的是察觉对方的需要。因为他们的思维方式是以情感为导向，始终把关注重心放在他人身上，对别人的心情感同身受。从这个意义上说，他们天生就是服务高手，能用热情和亲和力赢得别人的好感，用体贴细心的服务折服对方的心。所以，在服务行业中，我们经常能看到一些从业人员能让人体验到什么叫宾至如归。他们大多是2号人格者。

在非服务行业中，2号人格者依然会发扬自己善于处理人际关系的优势，在团队中扮演着助人为乐的"绿叶"。

他们并不喜欢做站在最前台的"红花"，但热衷于为"红花"提供各方面的帮助和支援。他们在职场中获得影响力的方式是不断地帮助别人，特别是扶持那些自己看好的潜力股。当潜力股在其扶持下成长为单位的重要人物时，他们也因此成为对方最信赖的人，从而在职场中屹立不倒。对于喜欢付出爱的他们来说，帮助别人获得成功等于自己成功。为此，他们甘居幕后，退到光环之外，默默为自己想扶持的

**心理学格言**

健康状态下的2号人格者是所有人格类型中最体贴、最有爱心的。
——唐·理查德·里索

2号人格者过于强烈地表现自己对他人的感情是多么的正面，完全忽视了负面的感情。
——唐·理查德·里索

对象奉献一切。

一般来说，其他人格类型的人会分出自己喜欢和不喜欢的人，然后只与前者交往，忽视后者。2号人格者则不然，他们想得到所有人的喜欢。2号人格者，除了重点扶持潜力股之外，对其他人的需求也都默默记在心里。

回忆一下你身边最热心的同事。他们不管跟你熟不熟，只要听到你有麻烦就会主动过来帮忙；假如你胃口不好不想吃饭，他们就会上前嘘寒问暖；假如你还没结婚的话，他们可能会张罗着帮你介绍对象，而且并不只是说着玩玩，而是在认真考虑这件事：这就是典型的2号人格者的作风。

2号人格者最令人惊叹的地方就是能根据不同人的喜好来做准备工作，从而巧妙地满足各方需求。比如，大家一块去聚餐时，他们会预先记下每个人的饮食习惯，点出一桌人人满意的菜。所以，在很多人眼中，他们总是在自己最需要的时候主动出现，让工作环境多了几分大家庭的温暖氛围。

从这个意义上讲，2号人格者是团队中当之无愧的情感纽带。他们每到一个陌生环境中都能在短短的时间内迅速反客为主，成为组织中的"大管家"，众同事公认的好伙伴。他们的人格魅力甚至会折服顾客与部下。如果2号人格者离职的话，组织内部的情感交流会一下子削弱很多，甚至可能有一批员工跟着辞职，且他们负责的客户也会随之流失。

# 情感模式：乐于全心付出，最渴望被需要

阅前思考：2号人格者在情感关系中的最大问题是什么？

2号人格者的喜怒哀乐跟人际关系息息相关，因为他们仿佛在玩一个"以爱换爱"的游戏。也就是说，付出热忱的爱是手段，从关系亲密者那里得到同样多的爱才是其最终目的。为了实现这个目标，2号人格者会热情体贴地表达自己的爱，强烈地希望自己能照顾对方的生活，照亮对方的内心。

耐人寻味的是，"我爱故我在"的2号人格者往往喜欢经营具有挑战性的情感关系。他们总是把那些跟自己关系疏远且不容易得到的人作为自己的关爱目标。因为这种有挑战性的任务可以激发2号人格者照顾他人的出众才能。他们在此期间会变得异常活跃，热情奔放，仿佛是能融化坚冰的冬日暖阳。

与2号人格者亲密接触的人，往往会收到很多平凡的感动。当你为该不该向他们求助而烦恼时，他们说不定早就察觉到了端倪，甚至已经默默帮你把问题解决了。对于2号人格者来说，全方位地满足你的需求是自己理所当为之事，唯

## 心理学格言

一般状态下的2号人格者有着混杂的情感，他们的爱绝不是如他们所认为的那么纯粹和无私。

——拉斯·赫德森

2号人格者的根本动机是希望得到他人的爱，然而他们总是把渴望得到爱变为渴望控制他人。

——拉斯·赫德森

有如此才能实现更多的自我价值。

但是，这种感情处理方式也让2号人格者在不知不觉中忽视自己的感觉，为了迎合对方的需求而改变自己本来的模样。此举一方面让他们顺利地赢得对方的好感，另一方面也让自己变得难以承受任何微小的打击。

2号人格者之所以愿意全心全意地付出爱，是因为他们觉得这样能得到同等甚至更多的回报。这个心理预期决定了2号人格者的爱并不像表面上那么无私，而是包含了非常多的情感诉求。

假如对方不需要自己，他们就会感到失落，然后设法去创造对方的需要。他们在此过程中可能会变得过分干涉别人的生活，令对方感到越来越困扰。时间一久，对方反而会因爱生怨，甚至真正远离2号人格者。

就算没有走上这条极端的道路，付出太多爱的2号人格者也会因为伴侣眼神中偶尔流露出的一丝倦意而乐极生悲。他们骨子里非常渴望爱，即使得到关系亲密者的一丁点关怀就能感动很久，把自己当成世界上最快乐的人。但内心的放大效应对负面情感也同样有效。2号人格者只要稍微觉得亲人、朋友、伴侣、同事在一瞬间没那么在意自己，心情马上会一落千丈。

接下来，离不开他人认可的2号人格者会意识到，自己原先以为对方想要的东西也许并不是他们真正想要的。2号人格者同时还会发现，他们为了讨好伴侣而丢弃了真正的自我。随着关系越来越稳固，他们会越发觉得这种依赖性很强的亲密关系是一种束缚。在极端情况下，他们会为了重新激活被舍弃的自我而寻找一段新的感情，进而做出令关系亲密者伤心的行为。

# 与2号人格者互动的小窍门

> 阅前思考：2号人格者最反感什么样的沟通方式?

**心理学格言**

具有讽刺意味的是，2号人格者自认为是好好先生的渴望，远不如他们的自我中心、操控别人及压迫别人的欲望强烈。

——拉斯·赫德森

非常健康的2号人格者认为善行并非简单的要得到报答，快乐就是行善的持久的回报。

——拉斯·赫德森

2号人格者的一切开心与不开心，都是围绕着人，包括人际关系、沟通、情感。

——裴宇晶

2号人格者喜欢为他人服务，最希望得到的就是被帮助者的感激和称赞。假如他们遇上麻烦时，你只需稍微做出一些安慰之举，就能让他们的心变得暖暖的。如果你拒绝了他们的好意或者将其当成傻子来利用，他们就会很伤心，甚至产生攻击性。另外，2号人格者希望得到关爱，但更喜欢成为给予者，而不愿变成被施恩的对象。如果你真的像他们平时做的那样去帮助2号人格者，他们多半会在第一时间表示婉拒，因为这关系到他们的自尊心。

**能赢得2号人格者好感的举动**

◎口头上对他们的热心帮助表达出感激之情。

◎用回赠小礼物或书信的方式表达谢意。

◎赞美他们想让世界充满爱的美好愿望。

◎把他们视为自己心中不可或缺的重要人物。

◎接受其帮助，但不过度索取他们的帮助。

◎语气温和地提意见，而不是生硬严厉地批评。

◎当他们被别人过度索取而不好意思拒绝时，站出来帮他们解决这个问题。

### 会惹怒2号人格者的行为

◎不接受他们的好意。

◎怀疑他们乐于助人是别有用心的。

◎一味地索取他们的帮助，榨干他们的爱心。

◎把他们的帮助当成理所当然之事，而毫无感激之情。

◎过度同情陷入困难的他们，让他们感觉自己像个可怜虫。

◎用伤人的话来否定他们所作所为的意义。

◎嘲笑他们的奉献精神是傻子才会做的事情。

# 2号人格者眼中的其他人

（阅前思考：2号人格者是否觉得其他人都不如自己善良呢?）

### 2号人眼中的1号人

**喜欢的地方**：他们做事守规矩、讲原则，处事公道，立场鲜明，态度坚决，让人很有安全感。他们有着强烈的责任感和使命感，做事从不马虎大意，在细节上精益求精。他们重视承诺，和我一样能为大众着想。

**反感的地方**：他们对人的要求太过苛刻，别人只是犯一点小错就会被反复说教。他们自恃道德高尚，经常严厉地批评我，令我感到委屈。他们太过死板，总是把法理放在情理之前，太没有人情味了。

### 2号人眼中的3号人

**喜欢的地方**：他们工作态度非常积极，精力总是那么充沛，在众人当中表现很优秀，给人一种"成功人士"的好印象。他们能很快适应不同环境，与不同的人建立关系，也不会强迫我关注他们的需要。

**反感的地方**：他们不太能接受别人的批评意见，总是为自己的错误言行找借口辩护，甚至反过来给对方泼脏水。他

**心理学格言**

2号人格者的大脑里好像安装了一个特制的"情感雷达"，可以瞬间捕捉不同人的不同求。

——裴宇晶

2号人的助人绝不仅仅是有求必应，而是"找忙帮"。

——裴宇晶

2号人非常关注他人的情感，很少因为物质而不开心。

——裴宇晶

们总是吹嘘自己过去的辉煌，极力掩饰曾经的失败。他们有时候太功利主义，缺乏人情味。

### 2号人眼中的4号人

**喜欢的地方：** 他们感情细腻，心地善良，善于感知别人的痛苦和需要。他们总能很快对我的感受做出反应，令人感动。他们喜欢跟我分享自己具有独特美感的精神世界，令人大开眼界。

**反感的地方：** 他们有时候不太合群，在人际交往中经常卷入掰扯不清的复杂关系。每次他们情绪失控时都会直接在大家面前表现出来。他们以自我为中心，有着孤芳自赏的傲慢。他们总是沉迷于情感与幻想中，一点也不脚踏实地。

### 2号人眼中的5号人

**喜欢的地方：** 他们遵从自己的主见做事，很少会被别人动摇决心。他们总是能坚持以冷静理智的方式来处理问题，不会变得特别情绪化，偶尔还有一些别致的幽默感。他们喜欢与别人交换意见，有着很强的学习精神和钻研精神。他们常能站在客观的角度看问题，这是我所缺乏的品质。

**反感的地方：** 他们总是刻意远离人群，不太好深入接触。他们自恃头脑冷静而鄙视我的多愁善感。他们醉心于研究知识，并不关心别人的感受，仿佛没有感情一般。他们总是思虑过度却懒得行动。

### 2号人眼中的6号人

**喜欢的地方：** 他们会用心倾听我的心声，为人忠诚可靠，答应的事一定会做，从不轻易食言。他们和我一样关心不幸的人，又比我更能觉察出潜在的危机。他们愿意让我依靠，这也正是我想要的结果。

**反感的地方：** 他们总是充满焦虑，对任何细节都小题大做，让人感到十分紧张。他们经常自我怀疑，给人一种不自信的感觉。他们总是会变着法地试探和戏弄别人，以考验对方的忠诚。每当我称赞他们时，他们不但不高兴，反而觉得我图谋不轨。

### 2号人眼中的7号人

**喜欢的地方**：他们特别容易亲近，很快就能融入对方的圈子。他们不会给我设太多条条框框，能给我很多做决定的自由。他们拥有梦想，头脑灵活，积极乐观，知道很多有趣的东西和玩法。他们是可爱的开心果，与之相处令人感到愉快。

**反感的地方**：他们思维的跳跃性太强，让人跟不上节奏。他们做事经常虎头蛇尾，让我不得不收拾烂摊子。他们什么都想尝试，结果样样稀松。他们不肯帮别人解决情感问题，也不理会别人的忠告。

### 2号人眼中的8号人

**喜欢的地方**：他们对工作和生活充满热情，有着远大的抱负与强烈的自信。他们在亲密关系中会给对方无微不至的照顾。他们善于激励大家的士气，说干就干，从来不会迟疑不决。他们慷慨仗义，经常保护身边的弱势群体。

**反感的地方**：他们的控制欲和占有欲让人透不过气来，总是喜欢对我指手画脚，还让我处于危险的边缘。他们经常忽略别人的感受，只是按自己的意志横行。他们让我感到自己软弱无力，无法保护自己。

### 2号人眼中的9号人

**喜欢的地方**：他们能经常陪伴在别人身边，有着最好的倾听能力，也不会拒绝我倾诉苦水，让人感觉很温暖。他们随和宽厚，能包容我的各种缺点，不挑剔我的毛病，还经常安慰和鼓励我。他们总是把我的利益放在自己的利益之前，奉献精神比我还强。

**反感的地方**：他们优柔寡断，总是举棋不定，错失了很多机会。他们对所有人都态度温柔，我感觉不出自己在他们心中的重要性。他们总是含糊其辞，立场不明，还经常以退缩和冷战的方式来逃避自己应尽的责任。

# 第四章
## 3号——"我赢故我在"的成就者

　　他们是你身边最力争上游的人。强烈的进取心让他们仿佛夜幕中的群星一般闪耀。只要认定了目标，他们会不惧各种困难，竭尽全力甚至不择手段地去完成。高效率与高执行力是他们的代名词。大家眼中的那些勇攀高峰的"成功人士"，多半是这种人格类型的人。

　　鲜花与掌声，财富与地位，凡是一切象征着"成就感"的东西，都是他们毕生追求的。他们最不希望自己沦为对社会无用的人。他们的环境适应力非常出色，环境需要什么样的人，他们就会变成什么样的人，甚至不惜抹掉真实的自我。在追逐成功的路上，他们生性要强，厌恶失败，崇尚竞争，是个热衷名利的现实主义者。

　　他们就是3号人格者，又称成就者、促动者、实干家。

# 如何识别3号人格者

阅前思考：3号人格者的着装风格有哪些特点？

如何识别3号人格者？具体识别信号及内容见下表。

| 识别信号 | 特点 |
|---|---|
| 价值观 | 希望自己成为社会公认的有价值的人，最害怕自己变得可有可无。通过不懈努力来获得令人羡慕的成就，以高效率的工作来赢得竞争，凭借优异的表现从人群中脱颖而出。认为自己是能干的，想要通过各种方式来证明自己的实力。比起真实的自我，自己在公众眼中的形象更为重要。为了工作（取得成就）可以把包括情感在内的其他事都放到一边。 |
| 性格关键词 | 事业心强、雄心勃勃、积极上进、重视形象、渴望成功、注重效率、强调结果、适应力强、崇尚竞争。 |
| 关注点 | 与奋斗目标相关的任何人和事，有利于塑造完美形象的任何人和事，可以得到大众关注和仰慕的东西。 |
| 着装风格 | 喜欢使用知名品牌来打扮自己，以便在社交场合中塑造既大方得体又光鲜夺目的个人形象。常穿能反映自己身份地位的职业装、商务装，会最大限度地迎合当前的主流审美观念来着装。 |

**心理学格言**

3号人喜欢比较，他们觉得，人生处处是赛场。
——裴宇晶

3号人非常渴望融入精英圈子、上流社会，喜欢和他们中的优秀分子暗暗较劲。
——裴宇晶

"成功学"似乎就是3号人的人生哲学。
——裴宇晶

（续表）

| 识别信号 | 特点 |
|---|---|
| 说话方式 | 说话内容通常以夸耀自己的成就为核心，具有很强的目的性。谈吐铿锵有力，语气充满自信，非常健谈，废话不太多但遣词造句有时候比较夸张失真。喜欢争论，措辞针锋相对。不过，大多数态度圆滑，擅长根据不同的对象和场合来改变沟通方式。习惯用语有：我可以、一定能、可行、没问题、目标、任务、结果、抓紧时间、第一、争冠、胜利、价值、最佳效果等等。 |
| 眼神表情 | 目光明亮而炯炯有神，有时候会比较犀利，给人一种精力充沛和充满自信的印象。看人时直接与对方进行眼神交流，但不会让对方感到被审视。<br>表情变化多端，甚至有时候很夸张，堪称行走的表情包，很能抓人眼球。 |
| 肢体语言 | 谈话时经常会搭配各种小动作，尤其是手势。动作果断有力，速度较快，常有急剧变化，非常引人注目。有时候会给人一种刻意表演的感觉。 |

## 3号人格者代表名人：沃尔特·迪士尼

沃尔特·迪士尼（1901—1966年）：美国动画片制作家、演出主持人、电影制片人，著名的迪士尼公司和迪士尼乐园的创始人。他创作的米老鼠、唐老鸭、高飞狗等经典动画形象可谓妇孺皆知，已经成为美国文化艺术的经典符号之一。

# 精神内核：出人头地，让周围的人羡慕

阅前思考：3号人格者为什么热衷于获得"成就感"？

有些人在童年时因做成了某事而得到家人的赞许。为了继续体验这种令自己舒畅和骄傲的心情，他们会努力去完成一些大家赞赏的事情。久而久之，他们认为自己在别人心中的地位取决于成功的表现，因此学会把自己塑造成大家眼中的成功者。他们就是3号人格者——"我赢故我在"的成就者。

从小到大，3号人格者的内心深处总希望证明自己实力超群，比周围的人更加出色。这种精神内核驱动着他们不断进取，千方百计地出人头地，成为让大家羡慕的成功人士。

他们通过取得成绩来换取尊重与爱，以满足心灵中对爱的渴望。失败是3号人格者最害怕的事情，唯恐避之不及。在他们看来，自己一旦失败就会失去应有的价值，就会被周围的人看轻、讥讽、抛弃。这种恐惧感如同梦魇一般挥之不去，于是3号人格者不停地找事做，把自己变成连轴转的大忙人。因为那样可以获得更多的成就，增加自己立足人世的筹码。而且当自己忙得无暇扪心自问时，就能暂时

**心理学格言**

3号人的奋斗总是会围绕一个"成果"，在追求成果的过程中，3号人相当理性。

——裴宇晶

3号人格者与自己的情感生活最为疏离，他们已经学会了把自己的情感和欲望放在一旁，以求更有效地发挥功能。

——唐·理查德·里索

摆脱恐惧和焦虑的困扰了。

3号人格者非常重视形象问题，他们为了能引起他人的注意甚至可以舍弃真实的自我而成为对方希望的样子。为了不暴露出真实的自我，他们会非常注意自己的言谈举止，努力扮演那个最能争取大家认可的有利形象，以免让大家失望。处于健康状态下的3号人格者能做到内在的自我与外在高大形象的统一，但更多3号人格者的真实自我与表演形象存在差异，甚至有可能会背道而驰。当他们意识到这点时，会感到十分痛苦，却又怒而舍弃自我，按照表演形象来拼命改造自己的一切。这使得他们经常成为别人眼中的善变之人。

对于3号人格者而言，拥有实力、掌握权力、完成目标、赢得胜利是最重要的事。他们相信自己能变得出类拔萃，把大量精力用于追求成功。只要事情还有一线转机，他们就不会觉得自己彻底失败。而当3号人格者即将面临失败时，他们会迅速把包袱丢开，甚至会推卸责任，以便躲避失败。

当3号人格者扮演的形象得到积极评价时，他们就会高兴地继续完善这个形象，直到成为最终的胜利者。有的人在这个过程中学会了怎样整合真实自我与成功形象，但有的人则是通过自我欺骗来满足虚幻的胜利感。一旦发现自己的努力没有得到预想中的结果，或者察觉并非所有人都青睐世俗标准定义的"成功者"时，他们就会发出美梦破裂的感慨。

# 职场角色：力争上游的"模范员工"

> 阅前思考：为什么加班狂大多是3号人格者？

奋斗精神是各种成功学里都会提到的关键词。企业管理者也无不希望自己手下的员工能像机器人一样认真而努力地干活。但大多数人都不会长时间拿出100%的力量来工作，总是会打不同程度的折扣。然而3号人格者则是个例外，他们非常喜欢忙忙碌碌的快节奏生活。论奋斗精神，他们在所有的人格类型中高居榜首。

3号人格者害怕失败，渴望成功，所以始终保持很高的紧张度，不敢停下脚步。他们想成为大家羡慕的人上人，而要获得这些成就，就必须用加倍的努力来换取。

在这种观念的驱使下，3号人格者倾向于抓紧生命中的每一分每一秒，唯恐虚度光阴。当其他人对堆积如山的工作叫苦不迭时，他们反而暗暗感到高兴，因为这能让他们完成更多的业绩。3号人格者最怕成为没有价值的闲人，一旦任务结束就会觉得精神空虚。他们不找点事做的话，就会感到很不自在，浑身不对劲。唯有忙起来才能让他们感到自己还有重要价值。

**心理学格言**

健康状态下的3号人格者有着深刻的情绪感受力，但他们并不感情用事，也不让感情外露。
——唐·理查德·里索

健康状态下的3号人格者心胸宽广，以一种孩子般的天真和热情寻找众人的真理。
——唐·理查德·里索

　　艰苦的奋斗精神往往能让3号人格者脱颖而出。他们获得更高的地位后，会朝着更高的目标继续前进。这种品格可以为他们带来更多的收入和成功机遇。

　　除了比常人付出更多努力外，3号人格者的另一个特征是会全面模仿大众认可的精英形象。他们渴望跻身精英阶层，希望能变得像那些人一样优秀。故而他们非常关注社会对成功人士的主流评价标准。公众认为什么样才算得上是真正的成功，他们就会往那个方向不断努力。当社会的评价标准发生变化时，他们会毫不犹豫地按照新标准来要求和改造自己。此举是为了以最高的效率来获得成功。假如评价标准混乱不堪，3号人格者将变得无所适从。

　　在所有性格类型中，3号人格者是职场中最热衷于获得成就感的人。这种成就感包括完成一项有挑战性的任务，获得比别人更高的职务和薪水，做出大家都能看到的优秀成果。

　　他们最不喜欢做那些平淡无奇、单调枯燥的工作，也不喜欢那些费力不讨好的任务。因为这些工作不能给他们带来眼睛看得见的成就感，不能充分展现他们的能力。换言之，当你交给3号人格者一个竞争激烈、难度极高且能取得实质性成果的工作时，他们会爆发出更多的能量去努力拼搏。

# 情感模式：只与"有价值"的人交往

阅前思考：3号人格者在情感关系中存在的最大问题是什么？

有的人在处理情感关系时奉行"爱心至上"原则，比如2号人格者；有的人则奉行"实用主义"原则，最典型者即为3号人格者。

对于3号人格者来说，实用主义是通向成功的捷径，构建人际关系也不能违背自己的大目标。他们的结交对象往往是那些有资源、有实力或者能为自己带来直接好处的人。他们的情感处理方式同样有着浓厚的实用主义色彩，以至于被其他性格类型的人视为趋炎附势、毫无真情之人。在周围人的眼中，假如不是有求于己的话，3号人格者几乎不会记得住自己。事实上往往也的确如此，因为他们的大脑会自动屏蔽与个人目标没有直接瓜葛的人和事。

尽管3号人格者热衷于社交，会跟第一次接触的人交换联系方式，但那只是他们扩大人脉和寻找新资源的主要途径。当然，这并不意味着他们没有真情实感，只不过他们往往更在乎的是自己应该在情感关系中扮演什么样的形象。

3号人格者通常会觉得感情是完成工作的障碍，但他们

**心理学格言**

健康状态下的3号人格者对自己是谦恭而直率的，他们的能量全部放在了做自己上。

——唐·理查德·里索

非常健康的3号人格者常常极为仁慈和慷慨，这不是因为这样做可以给他人留下正面的印象，而是因为真正地关心他人的幸福和成功。

——拉斯·赫德森

内心深处同样渴望爱，也希望自己成为大家眼中最优秀的亲人、朋友、配偶、同事。所以，在两性感情中，他们一方面会为了成功而把感情暂时搁置一旁，另一方面又会主动扮演对方心目中的完美爱人。

只要感知到了对方的需要，3号人格者就会发挥出众的适应能力，将自己塑造成对方需要的形象。

他们可以在不同场景下根据不同关系亲密者的需要来转变形象。一会儿是令部下敬畏不已的铁面上司，一会儿是为妻子下厨煮夜宵的模范丈夫，一会儿是朋友聚会中谈笑风生的开心果。假如有人恰好见识过这几个场合，多半会对3号人格者的千变形象感到震惊。

那么，哪一个才是真实的他？这个问题连3号人格者自己都未必回答得出来。因为，他们习惯了适应不同的环境，扮演好各种环境下需要的角色，以维持自己的理想形象。久而久之，他们已经分不清哪些是自己的真情实感，哪些是为了迎合对方的期望而产生的情感。因此，真实的自我与亲手塑造的形象无法保持一致，是3号人格者由始至终的困扰。

不过话说回来，健康状态下的3号人格者最终会把真实的自我与塑造的形象统一起来，让自己成为真正的完美伴侣。他们最大的优点是能对家庭成员的期望和目标给予绝对的支持，会努力工作取得成功，来回报自己关心的人，让对方也感到由衷的喜悦。说到底，他们也希望自己成为关系亲密者心目中最有价值的先生或女士。

# 与3号人格者互动的小窍门

> 阅前思考：3号人格者最反感什么样的沟通方式？

3号人格者渴望获得成功，渴望拥有更多的财富和更高的地位，成为被大家尊重和羡慕的人。因此，你只需要给足他们面子，就能很快跟3号人格者建立良好的人际关系。当你对他们已有的成就和未来的潜力表现出赞赏之意时，3号人格者会把你当成自己的同伴。他们喜欢被奉承和被器重，讨厌被批评和被当成棋子。因此，你要尽可能地让他们始终觉得自己很有价值。

**能赢得3号人格者好感的举动**

◎赞美他们的成功，说得越真诚越具体，效果就越好。

◎欣赏他们的勤勉与自信，认为这很值得自己学习。

◎当他们忙得没有空闲时，能不打扰就不打扰。

◎如果可能的话，跟他们保持目标一致，而不要形成你死我活的竞争关系。

◎给他们有用的改进建议，而不是指责其不足之处的批评意见。

◎与他们一起为共同的奋斗目标而并肩作战。

---

**心理学格言**

在工作场所，健康状态下的3号人格者有很强的竞争力，喜欢自始至终琢磨自己负责的项目。

——拉斯·赫德森

3号人格者实际上献身给了他们的计划、事业以及为了增强自尊而做的一切。

——拉斯·赫德森

一般状态下的3号人格者更多是受到他人价值的引导，努力地工作是为了得到同行的欣赏。

——拉斯·赫德森

◎时常表扬他们做事的高效率。

**会惹怒3号人格者的行为**

◎喋喋不休地提出疑问和忧虑，这会让他们感觉你是个没自信、没胆识的人。

◎只提批评意见而不加上建设性意见，这会让他们认为你只是来找茬。

◎反复提起他们曾经犯过的错误。

◎言不由衷地溜须拍马，这很容易被他们一眼识破。

◎不认可他们的能力和潜力。

◎拉着他们加入冗长而毫无意义的闲聊。

◎在公开场合嘲笑他们。

# 3号人格者眼中的其他人

> 阅前思考：3号人格者会把谁视为可以信赖的伙伴呢?

### 3号人眼中的1号人

**喜欢的地方**：他们和我一样工作认真，务实进取，能高效率地完成很多工作。他们不仅能充分表现自己的才干，而且拥有明确的原则和立场。他们总是追求完美，不断完善自己的能力和品行。他们有着坚定不移的信念，会义无反顾地成就功业。

**反感的地方**：他们的神经总是太过紧绷，活得很累，让我也难以放松。他们会不分场合地批评人，让我感到脸上无光。他们的原则性既迂阔又令人嫉妒。他们很少会认可别人的成就，就算偶尔表扬一下，也不忘指出对方的毛病。他们总是对别人的错误耿耿于怀。

### 3号人眼中的2号人

**喜欢的地方**：他们总能很快察觉到我的需要并热心帮助。他们热情开朗，善解人意，没什么架子，总是能给人留下好印象，与之交往没有什么距离感。他们经常关心我，让我觉得自己有很重要的价值。

**心理学格言**

随着时间的增长，3号人格者能够发展出适应工作角色的能力，能够让自己的形象符合职业要求。

——海伦·帕尔默

3号人格者受到夸奖往往是因为他们的成就，而不是他们自己。

——海伦·帕尔默

只要是3号人格者看重的群体，他们就能让自己变成该群体的模范。

——海伦·帕尔默

反感的地方：他们十分情绪化，向我索取太多的关注，经常要我做他们希望的事情。他们总是记不住自己的身份和立场，搞不清事情的轻重缓急，做一些超出限度的事情。我不听他们的意见时，他们会非常生气。

### 3号人眼中的4号人

喜欢的地方：他们懂得欣赏我的优点，让我学会不要太在意别人的眼光。他们有很好的共情能力，能感知我的内心世界。他们充满灵气，但对外貌打扮有着独特的见解，生活很讲究品位。

反感的地方：他们非常情绪化，会突然离开我。他们极度需要关注，指责我只顾工作而不懂生活，这让我很难安心工作。他们有时候会有太过怪异的衣着打扮和言谈举止，令人感到极为尴尬。

### 3号人眼中的5号人

喜欢的地方：他们对事物有着独到的见解，常能发现我想不到的问题，并且经常用智慧替我排忧解难。他们冷静如冰，善于洞察全局态势。他们能专注地独立工作，不会被别人的情绪干扰，也不会经常来麻烦我。

反感的地方：他们总是停留在计划阶段，很少付诸实践，每到实际操作环节就变得畏首畏尾。他们不爱交际，性情古怪，对感情太过冷淡！他们不太重视仪容仪表，总是穿搭得过于随意甚至邋遢。

### 3号人眼中的6号人

喜欢的地方：他们认真负责，做事可靠，忠心耿耿，不会在关键时刻弃我不顾。他们不仅欣赏我的成就，还愿意遵从我的指令。他们工作很专心，善于预见可能存在的疏漏，不会感情用事。

反感的地方：他们总是把问题推给别人，害怕承担责任。他们过于敏感，经常误以为别人在拒绝自己。他们总是疑神疑鬼，顾虑重重，不敢大胆行动。他们的悲观思想根深蒂固，总是把事情往不好的方面想。

### 3号人眼中的7号人

喜欢的地方：他们活力十足，给人感觉很阳光，和我一样精力充沛。他们对很多事情有着强烈的好奇心，喜欢冒险和尝试，经常能给大家带来充满创意的好点子。他们幽默开朗，非常善于带动现场气氛。

**反感的地方：**他们的责任心很差，思维没有条理性和逻辑性，做事也马虎大意。他们非常喜欢推卸责任，有时候傲慢无礼，不懂得顾及别人的感受。

### 3号人眼中的8号人

**喜欢的地方：**他们非常有主见，行动力极强，也愿意扶助我。在我萎靡不振的时候，他们能及时鼓励和嘉奖我。他们自信满满，会投入大量精力去完成自己的宏伟目标，和我一样渴望获得成功。

**反感的地方：**他们觉得我思想肤浅，有些看不起人。他们很容易动怒，用粗鲁的言行来攻讦别人。他们的占有欲和支配欲太强，总是企图驱使我做这做那，甚至在公开场合用粗话大声下令，完全不顾及我的面子。

### 3号人眼中的9号人

**喜欢的地方：**他们待人十分友好，而且总能理解我的感受与想法。他们愿意聆听我的苦水，却又不会对此横加指责，而是会给我更多的安慰与鼓励。他们欣赏我的能力和上进心，与之相处能让我感到放松和安心。

**反感的地方：**他们的办事效率极低，完全跟不上我的节奏。他们总是含糊其辞，在我最头痛的时候也无法给我明确的答案。他们缺乏主见，一遇到自己作决定的时候就举棋不定。他们太喜欢逃避问题，不肯正视问题。

# 第五章
## 4号——"我真故我在"的浪漫主义者

他们是你身边最特立独行的人。细腻而多变的情绪让他们拙于应对人情世故，也不太适应群体生活，往往与社会主流的价值观背道而驰。对于他们来说，放弃真实的自我比失去性命更加难以忍受。他们一辈子不甘平庸，不断地追问生命的意义，追求艺术的灵感。悲情的浪漫主义是他们特有的色彩，缺乏创意与激情的生活，会让他们倍感折磨。

他们总是在远离世俗的精神家园里品味着心理上的孤独，渴望与灵魂深处的自己对话。对世界与人性的关怀，使得他们敏感而悲观。无论物质上多么富有，都无法填补他们因感知世间缺憾而产生的痛苦。他们比任何其他类型的人都向往真善美，也乐于制造唯美的生活气息。

他们就是4号人格者，又称浪漫主义者、个人主义者。

# 如何识别4号人格者

阅前思考：4号人格者的说话方式有哪些特点？

如何识别4号人格者？具体识别信号及内容见下表。

| 识别信号 | 特　点 |
| --- | --- |
| 价值观 | 　总是被生活中真实而激烈的东西所吸引，尤其是那些具有悲剧色彩的东西，比如人们的忧伤和痛苦。感觉有些东西在自己的生活中遗失了，而他人又恰好拥有这些东西。觉得已经得到的东西尽是缺点，遥不可及的东西则完美无缺。时常有被抛弃的感觉，现实仿佛是不真实的。自尊需要华丽高雅的东西来点缀。自己生来就与众不同，若是平平淡淡过一生，就失去了活着的意义。 |
| 性格关键词 | 　自我陶醉、表现欲强、情绪化、直觉敏锐、热爱浪漫、随心所欲、悲情、空灵、独特。 |
| 关注点 | 　内心的各种感觉、事物缺失的部分、遥不可及的美妙的幻想世界。 |
| 着装风格 | 　衣着打扮很有品位，具有鲜明的个人特色，非常引人注目。 |

**心理学格言**

4号人追求的浪漫其实是"平淡中的一抹惊奇"。

——裴宇晶

4号人"拒绝平凡"不是说他们想要成为高官、明星等大众价值观推崇的角色，相反，在他们眼里"大众价值观"就是平凡的，甚至是庸俗的。

——裴宇晶

（续表）

| 识别信号 | 特　点 |
|---|---|
| 说话方式 | 讨论内容往往是自己复杂细腻的内心感受，表达的信息往往非常独特。遣词造句感性十足，饱含感情，逻辑性和条理性相对较弱，思维跳跃性很强。时而沉静，时而激情四射。<br>习惯用语有：我感觉、心情、俗气、品位、浪漫、情感、美学等。 |
| 眼神表情 | 目光黯淡而忧伤。眼神飘忽不定，时而迷茫，时而放射光芒，时而羞涩，时而火辣，有一种复杂多变的朦胧色彩。<br>表情通常是腼腆中夹杂着淡淡的忧郁，但有时候又会给人一种高傲的感觉。 |
| 肢体语言 | 并不喜欢过多使用肢体语言。喜欢刻意地保持优雅的姿态，通常不会出现孔武有力的粗犷动作。动作比较缓慢，跟着感情起伏而随性变化。 |

## 4号人格者代表：珀西·比希·雪莱

珀西·比希·雪莱（1792—1822年）：英国著名作家、浪漫主义诗人、小说家、哲学家、散文随笔和政论作家、改革家、柏拉图主义者和理想主义者，受空想社会主义思想影响颇深。被认为是历史上最出色的英语诗人之一。

# 精神内核：找到真正的自己，展示自己的独特

> 阅前思考：为什么4号人格者热衷于强调自己的与众不同？

他们在童年时期有被父母遗弃的经历，或者没能得到父母的理解，于是产生了强烈的孤独感和缺失感。这让他们觉得自己是被抛弃的局外人，缺乏被爱的价值，有着与众不同的孤独。为此，他们拼命吸收外部世界的各种美好，同时不断发现自己的独特之处，以求填补内心的缺失感，召回那个完整而真实的自己。他们就是4号人格者——"我真故我在"的浪漫主义者。

4号人格者成年后，依然把注意力投向远方而不是当下。他们关注的焦点往往是那些遗失的事物，因为他们相信生命的本质是痛苦。毫不夸张地说，悲情与浪漫是贯穿4号人格者一生的两个关键词。也正因为如此，4号人格者非常善于感知别人的痛苦和不幸，并且喜欢以现实的痛苦为素材进行艺术创造，来表达自己对生命的感悟。这既让他们富有浪漫主义的艺术气息，也给他们带来了很多令人忧郁的悲剧色彩。

他们经常会放大自己的感受，夸张地表达自己的情感。强烈的表现欲望与自我陶醉的情结让4号人格者显得性情非

**心理学格言**

4号人最需要在鼓励原创作品的氛围或组织文化中工作，鼓励"不一样"的东西会激发他们的灵感。

——裴宇晶

如果说3号人工作是为了"镀金自我"，那4号人的工作本质上则是"反映自我"。

——裴宇晶

常多变，具有鲜明的个人特色与迥异于流俗的灵性。

4号人格者认为，如果迎合大众价值观的话，就好像一滴水被淹没在河流当中，完全失去了真实的自我，自己存在的价值也就荡然无存。所以他们不想成为别人所希望的样子，只是执着地寻找独属于自己的人生意义，塑造着个人风格鲜明的理想化生活。拒绝平凡的人生正是他们满怀浪漫主义情结的深层原因。

他们也许能在社会上获得极高的赞誉，拥有令人羡慕的财富、地位、名望，被视为艺术上或其他领域的成功者，但这只是客观结果。他们并不追求出人头地，而是致力于用别具一格的东西来表达自己。4号人格者可能会从事一些大众认为非常平凡的工作，但他们会在平凡的岗位上做出不平凡的成绩。世人汲汲而求的东西，在4号人格者眼里可能一文不值。在他们眼中，唯有不可替代的独特性才能让自己的内心变得充实而圆满。

为了寻找美好的事物和真实的自己，4号人格者会时不时做出一些令人瞠目结舌的行为。一旦感觉现有的东西无助于寻找真实的自我，他们就会毫不留情地将其抛弃。这与他们比较容易沉浸在感觉中有很大关系。

# 职场角色：拒绝平凡的"美学践行者"

阅前思考：如何让特立独行的4号人格者产生最大的工作热情？

　　大多数4号人格者在早期的职业生涯中会陷入迷茫。他们最初只是跟着别人的脚步跑，去从事大家眼中的好职业。但是，他们毕竟不是现实功利的3号人格者，而是所有人格类型中最具有理想主义色彩的那一类人。遵从内心的感觉对4号人格者来说比什么都重要。换言之，他们是最执着于找到"理想的工作"的群体，而残酷的现实往往很难令其如愿以偿，导致其内心变得纠结和恐慌。

　　4号人格者喜欢追随内心的呼唤，如果不能展示独特的自我，就会感到十分痛苦。

　　他们最讨厌的就是千篇一律地按部就班，这会不断消耗4号人格者的灵感，使其一天天地枯萎下去。他们心中充满浪漫的幻想，喜欢寻找生命的意义，也希望做有意义的工作。这是因为4号人格者想借助工作内容来表现最真实的自我，发扬自己的生命美学。拒绝平凡可以说是他们毕生最大的追求，而要想做到这一点，除非获得理想中的工作。

　　因此，4号人格者往往倾向于从事需要发挥个人创造力

## 心理学格言

4号人格者尤为看重情感的主观世界，不论是在创造性和个人主义方面，还是在内倾和自我陶醉方面。

——唐·理查德·里索

4号人格者是最具自我意识的，这是他们最积极和最消极的东西的基础。

——唐·理查德·里索

的工作，而且希望得到更加自由的工作时间、更灵活的工作方式，以及更有利于激发个人灵感的工作环境及工作内容。这也是4号人格者中涌现出很多作家、艺术家、设计师、思想家的主要原因。

而那些未能从事原创性工作的4号人格者，也不会简单地认命，而是极力从平凡的工作岗位中寻找新的意义。通常来说，他们会把手头的工作上升到一种艺术的层次。比如，从事厨师行业的4号人格者会追求极致的烹调艺术。唯有在平凡的工作中发掘出独特的美学，才能让4号人格者感觉自己的工作对世界充满了价值。他们最担心的恰恰是自己沦为社会大机器中一个随时可以代替的齿轮，因此在工作中拒绝平凡的深层含义，就是塑造无法代替的独特的自己。

所以，4号人格者无论从事什么职业，都不会停止寻找自己的理想，都希望以前所未有的方式获得不一样的成就。这是他们特有的固执，也是其创造力与灵气的源头。假如不那么做的话，4号人格者就会感觉自己已经沦为行尸走肉。

他们在理想与现实的差距中容易日渐撕裂，但只要找到了自己的目标和定位，就会迸发出巨大的激情与惊人的能量，以无与伦比的使命感来贯彻自己的成功美学。对于4号人格者而言，工作就该是践行个人美学的主要途径。他们会为了这个目的奉献出自己的一切，直到完成自己心中的梦想。

# 情感模式：一生都在寻找灵魂伴侣

阅前思考：4号人格者在情感关系中的最大问题是什么？

在其他人格类型的人眼中，4号人格者的情感过于强烈。4号人格者自己也会意识到这一点。

就实而论，所有人都存在把感情放大的时候。但不同的是，4号人格者几乎时时刻刻都在这样做。他们心思细腻、神经敏感，一点小事就能让他们欣喜若狂或者悲痛交加。在大多数人看来，4号人格者的情绪变化大过无常，如同一部跌宕起伏的戏剧，经常能给人带来剧烈的心灵刺激。所以，在两性感情中，一般人很难和喜欢跟着感觉走的他们保持长久的亲密关系。

不知是否这个缘故，4号人格者通常会把希望寄托于未来，期盼着有朝一日能觅得一个全心全意爱自己并且能接受自己一切的灵魂伴侣。他们潜意识里认为自己目前所做的一切都是在给未来的浪漫邂逅做准备。

这种美好的幻想，是4号人格者逃避现实的重要手段。因为他们骨子里有着浓厚的悲观主义倾向，总是习惯性地关注现实生活中的各种阴暗面，让自己感到备受折磨。为

**心理学格言**

一般状态下的4号人格者总想通过反省自己的情感来理解自身。

——唐·理查德·里索

4号人格者觉得自己与众不同，他们总想知道为什么自己会有这样的感觉，因此会越来越自我陶醉。

——唐·理查德·里索

4号人格者倾向于以某些引人注意的方式来化解自己的情感矛盾。

——拉斯·赫德森

此，他们把目光投向远方，把未来设想得像童话一样完美，直到某一天被真爱唤醒。

4号人格者多少有些孩子般的天真，不肯违背内心的真实感受。这使得他们与周围环境显得格格不入，朋友也只有少数谈得来的知己。其实，他们也非常想融入群体当中，只是内心的感受又会呼唤他们远离那些不懂知己的人。

4号人格者相信寻找灵魂伴侣的过程会帮助自己找回真正的自我，感受到最完整的生命。然而，当想象中的"真爱"真正出现时，他们并不会变成简单而满足的人。他们会发现对方似乎没有想象中那么良好，于是准备多年的"真心"莫名其妙地飞向了别处。接下来，他们开始对亲密关系感到厌倦，甚至害怕，从而与对方发生争执，然后疏远对方。

然而，"距离产生美"这句话对4号人格者来说简直是最深刻的普世真理。令其他性格类型的人难以理解的是，4号人格者离开一定距离之后又会重新想起对方的种种美好，然后再度回归亲密关系。他们这种忽冷忽热的态度往往让对方身心俱疲，最终彻底和他们说再见。

所以，如何让亲密关系保持在最恰当的安全距离内，是4号人格者在感情问题上的必修课。他们渴望保持激情，但不懂得怎样与对方共渡难关，也不知道自己剧烈的感情变化会给对方造成多大的伤害。倘若能解决这个问题，情感丰富的4号人格者将会为自己的亲人、朋友、伴侣带来颇有戏剧性的生活激情，而不是更多的情感负担。

# 与4号人格者互动的小窍门

(阅前思考：4号人格者最反感什么样的沟通方式？)

4号人格者极度敏感，思想和行为十分飘忽，给人捉摸不定的感觉。他们总是喜欢盯着负面的东西，情绪多变而剧烈，容易沉浸在幻想中，对别人忽冷忽热。跟他们打交道如同玩跷跷板，一会儿上一会儿下的。他们总是以自我为中心，喜欢跟着感觉走，拥有独特的世界观，希望表现出自己超凡脱俗的风采。因此，要想赢得他们的信任，必须得注意这一点。

**能赢得4号人格者好感的举动**

◎承认他们是与众不同的人，这样他们会觉得你是"懂我的人"。

◎欣赏其充满灵感的创造力与独特的审美观念。

◎经常对他们表达关爱，形式越别出心裁越好，以满足其浪漫情怀。

◎深入了解他们表达的意思与情感需求。

◎当他们心情低落时，不要过多追问原因，而是应表示愿意陪伴和聆听其感受。

---

**心理学格言**

健康状态下的4号人格者更像是人性中的精神性方面和动物性方面之间的桥梁，他们对自己的这两个方面有着清醒的认识。

——拉斯·赫德森

自我发现是4号人格者的一个极其重要的动机，因为他们从不觉得自我感觉可以强大到足以维持其自我认同的地步。

——拉斯·赫德森

◎以温柔的方式来告诉他们那种过于敏感且不切实际的态度会带来哪些不好的影响。

◎尊重他们的自由，不要试图约束和控制他们。

**会惹怒4号人格者的行为**

◎限制他们的自由，强迫他们按照常人的条条框框去生活。

◎对他们虚情假意，这逃不过他们敏感的眼睛和心灵。

◎不留情面地公开批评他们，这会对多愁善感的他们造成极大的伤害。

◎当他们诉苦的时候，你表示不理解，并且给出的只是简单而无用的解决之道。

◎不重视他们的感受，那样会让他们觉得自己像被抛弃了一样。

# 4号人格者眼中的其他人

> 阅前思考：4号人最羡慕5号人的什么品质？

### 4号人眼中的1号人

**喜欢的地方**：他们信念坚定，不会犹豫不决。我欣赏他们条理清晰、规划严密，他们欣赏我那丰富的感情世界。他们会善意地提醒我要活在当下，这正是我的不足之处。他们是热心的诤友，知道怎样帮我在细节上变得更完美，并且经常鼓励情绪低落的我。

**反感的地方**：他们做事的时候完全不讲情面，一旦发现我哪里做得不对就会严厉地批评我，也不管在什么场合。总是强迫我按照他们的方法来做事，让我感到被严重束缚。他们为人处世太刻板，满口的"原则"和"责任"，一点都不灵活。

### 4号人眼中的2号人

**喜欢的地方**：他们愿意听我倾诉自己的感情，让我感觉自己受到了关爱。他们很懂我的感觉，知道我现在想要做什么。他们非常赞赏我的创造力与审美能力。他们以无微不至的照顾帮助我走出了抑郁的阴影。

**心理学格言**

自我认识是4号人格者最重要的目标，是他们找到自尊的手段。

——拉斯·赫德森

4号人格者总是有一种被遗弃的怨恨。

——海伦·帕尔默

抑郁的感觉对于4号人格者来说，就好像落入了黑暗的陷阱。

——海伦·帕尔默

**反感的地方**：他们总是劝我不要太沉溺于自己的感觉。他们有时候搞不懂我的情感为什么会变化，然后问个不停。他们总是很快提出建议，其实我并不需要建议，只是想找个人倾诉而已。他们关注别人时会忽略我的感受，而且不耐烦时会态度粗暴。

### 4号人眼中的3号人

**喜欢的地方**：他们的形象非常有魅力，很能吸引我。他们有时候很浪漫，让我感觉到被关爱。他们对事业充满热情，做人也乐观向上，这给我带来了很多积极影响。他们明白自己想要什么，也鼓励我追求自己想要的东西。

**反感的地方**：我喜欢面对生活中的阴暗面，但他们不喜欢。他们犯错的时候，总是喜欢给自己找一大堆借口。他们太投入工作，会受制于人情世故的枷锁，压抑自己的真实情绪，把我的存在给遗忘了。

### 4号人眼中的5号人

**喜欢的地方**：他们非常聪明，能给我很多有用的意见。我很羡慕他们与生俱来的冷静与理智，特别是那种不受个人情感左右的客观态度。他们很少有激动情绪，也能洞察我的细微变化，充分把握我的情感。

**反感的地方**：他们理智得像个机器人，感情似乎非常冷漠。我希望能与他们更加接近，但他们却总是想与我保持一定的距离。他们经常抽离情感，反过来批评我太情绪化或者感情用事。

### 4号人眼中的6号人

**喜欢的地方**：他们做事认真谨慎，思虑很周密，也懂得怎样规避风险，不容易出错，能给我安全感。他们是踏实而诚恳的好人，和我一样害怕被人遗弃或被人误解。他们遇到无法忍受的事情时，会像我一样坚决反抗。

**反感的地方**：他们经常质疑我的观点，对我说过的话提出不少负面评价。他们在做决定时往往会犹豫不决，以至于最终一事无成。他们不太懂我内心的感受，有时候会责备、讥讽别人。

### 4号人眼中的7号人

**喜欢的地方**：他们思维敏捷，天性活泼，经常能给大家带来意外的惊喜，我也常被他们逗得很开心。他们精力充沛，能让我感受到少年般的青春活力。他们和我一样反对权威和主流，一样不按世俗常理行事。

**反感的地方**：他们的情感非常浅薄，缺乏耐心和同情心，不愿倾听我的苦恼。他们总是喜欢拿我开玩笑，哪怕我需要安慰的时候也依然嘲讽不止。他们做事不认真，经常让我操心。他们只能同富贵而不能共患难。

### 4号人眼中的8号人

**喜欢的地方**：他们热情洋溢，自信果断，豪迈勇敢，可以保护我免受伤害，让我很有安全感。每当我多愁善感的时候，他们会用坚定的信念鼓舞我。他们坦承直率，不拘小节，粗中有细，很好打交道。

**反感的地方**：他们粗鲁笨拙，不知风情为何物，有时候会以高压手段来刺激我。他们非常讨厌我活在自己的世界中，我也讨厌他们干涉我这样做。他们经常忽略我的存在，不顾及我的感受。

### 4号人眼中的9号人

**喜欢的地方**：他们温和友善，就算不理解也不会对我妄加评论，也不会试图扭转我的观点，总是避免给我压力。他们是最好的倾听者，哪怕不感兴趣也会用心倾听。这点让我感到非常舒服。

**反感的地方**：他们面对情感时总是犹豫不决，而且表达情感的方式过于含糊，让我摸不着头脑。当我情绪失控时，他们反而会选择冷战，让我感到失望。他们似乎缺乏激情，喜欢逃避问题，让我感觉像是被遗弃了似的。

# 第六章
## 5号——"我思故我在"的探索者

　　他们是你身边最喜欢思考问题的人。出色的知识整合能力与深邃的洞察力是他们的共同标签。他们往往比其他类型的人更能理解世界的本质,并且喜欢预测即将发生的事。枯燥的思考和研究反而是他们最大的乐趣所在,博学多识是他们的毕生追求。

　　他们平时很安静,喜欢远离喧闹的社交场合,对娱乐活动缺乏兴趣,几乎不会主动与人交往。他们处理感情的方式既理性又麻木,极力避免感情干扰自己的思考。由于过度重视保护私密空间,大家通常会觉得他们难以接近。这一类人重视精神世界的充实,对物质生活的要求往往奉行极简主义原则。整个人仿佛一台精确运作的机器,人情味与活力都不太多。

　　他们就是5号人格者,又称探索者、观察者。

# 如何识别5号人格者

阅前思考：5号人格者的眼神有哪些特点？

如何识别5号人格者？具体识别信号及内容见下表。

| 识别信号 | 特　点 |
|---|---|
| 价值观 | 希望认识这个世界的真相，但不是用飘忽不定的心灵去感受，而是用知识和头脑去了解。希望自己能预测出未来即将发生的事情。为了集中精力来思考问题，特意构筑一个安全的私密空间，把生活划分成不同的功能区域，喜欢将不同的事情分装到不同的区域里，以便保持不被干涉的状态。理智地控制自我，把注意力从感觉上抽离出来，延迟感情甚至封闭感情。这样是为了让自己的观点尽量不被感情偏见影响。喜欢从旁观者的角度来观察生活以及生活中的自己。 |
| 性格关键词 | 冷静、理智、独立、有主见、善于思考、感知力强、洞察力强、好奇心强、原创精神、重视隐私、离群索居、冷漠孤僻。 |
| 关注点 | 事物的原理、世界运作的规律、文化的本质、复杂的理论、技术知识、信息的来源。 |

**心理学格言**

由于5号人的简约主义，他们得以节省大量的时间、空间和精力投入到他们的专业领域。
——裴宇晶

5号人成为专家并非徒有虚名，他们迷恋的是心智活动本身，而不是专家的身份。
——裴宇晶

（续表）

| 识别信号 | 特　点 |
|---|---|
| 着装风格 | 推崇极简主义，以实用性为准，不太在意品牌和搭配方式，甚至不修边幅。喜欢不引人注目的简单款式，对着装的造型和颜色的要求不多，在彻底穿烂之前几乎不会主动更换着装。 |
| 说话方式 | 讨论内容以分析论证问题为核心，就事论事，思维很少跳跃到其他无关话题上，也绝无废话。语速往往不紧不慢，发音不高不低，腔调少有起伏。说话时不经常用"你""我"之类的称谓，条理分明，逻辑清晰，高度理智，论述面面俱到，总想表现出一种客观的态度，以至于缺乏情感色彩。<br><br>习惯用语有：我认为、据我分析、我的观点是、我的想法是、我的态度是、由此可见、总而言之等。 |
| 眼神表情 | 眼神冷静、凝重、专注、深邃、空洞，往往会收敛目光，以掩饰自己的情绪，有时候会流露出看惯沧桑的清高。<br><br>表情淡漠，喜怒不形于色，甚至有些木讷，但思考问题时会有一种极其专注、严肃、认真的特殊神态。 |
| 肢体语言 | 无论什么姿势，动作都比较少。喜欢安静地坐着，长时间一动不动地看资料或想问题。有时候会双手交叉于胸前，上身往后仰。与人交谈时，大部分时间是在面无表情地静静倾听，仅对感兴趣的话题微微点头。思考问题时会皱眉、挠头，但面部表情依然不丰富。 |

## 5号人格者代表：阿尔伯特·爱因斯坦

阿尔伯特·爱因斯坦（1879—1955年）：犹太裔物理学家，1905年获苏黎世大学哲学博士学位，因提出光子假设而于1921年获得诺贝尔物理奖，后来创立狭义相对论与广义相对论。他为核能开发奠定了理论基础，开创了现代科学技术新纪元，被公认为是继伽利略、牛顿以来最伟大的物理学家。1999年12月26日，爱因斯坦被美国《时代周刊》评选为"世纪伟人"。

# 精神内核：集中能量，探索世界的本质与真相

阅前思考：5号人格者一定是智商最高的人群吗？

他们在童年时期可能被情绪化的父母要求做这做那，被迫卷入一些超出自己能力的事情，从而搞不清自己存在的价值。他们因此认为，自己会被别人的要求和期望耗尽能量，于是对环境与他人不再抱有什么期待，而是尽量腾出一个属于自己的空间和时间，努力吸收知识能量，以求获得掌控环境的能力。他们就是5号人格者——"我思故我在"的探索者。

5号人格者最突出的两个特征分别是重视私人空间和强烈的求知欲。

他们往往是人群中最内向孤僻的类型，非常注意保护自己的隐私，也疏远社交活动。比起好玩热闹的场所，5号人格者更喜欢待在自己的私人空间。独处的环境可以让他们更好地集中精力来思考问题。任何让人分心的事物，他们都会尽可能地减少接触，以最大限度地节约自己的能量。假如没有独处的时间和空间，5号人格者会觉得疲惫不堪。因为他们需要用这种方式来充电，以储备足够的能量来应

对各种事务。

当然，5号人格者中也有经常游走于社交场合的人，但无论他们看起来多么热情开朗，仍旧需要保证一定的私人空间。在那里，他们并不会觉得沮丧或无所事事，反而能彻底释放自己的真情实感。而在私人空间之外，5号人格者会暂时冻结自己的情绪，不让它干扰思考活动，仿佛一位灵魂出窍的旁观者。

强烈的求知欲让5号人格者擅长进行复杂的脑力劳动，从而显示出过人的智商与洞察力。他们无论做什么工作，都喜欢探究事物背后的本质与运行法则。只从表面现象看问题是5号人格者最不屑的做法。为了透过现象看本质并总结出一定的规律，他们会以其他类型的人无法想象的热情和精力投入到研究当中。这种钻劲一方面让5号人格者能在自己研究的领域不断获得新的知识，甚至可能形成开先河的革命性创新；另一方面也让他们不断减少自己的物质欲望、社交活动和生活琐事，把更多的能量节省下来，用于专攻的目标。

5号人格者擅长把事物概念化、条理化，堪称天生的编目高手，但他们并不热衷于把理论转化为实践。相比之下，他们更希望让别人去实践这些成果，自己继续在一旁观察、记录、分析、总结，直到创造出更完善的理论。也就是说，5号人格者享受的是学习和研究的过程，而不是具体的结果。他们对世界的本质和真相有着无止境的求知欲，喜欢通过多角度认识世界来获得心灵上的充实和圆满。

# 职场角色：博学多识而善于创造的"资深专家"

> 阅前思考：5号人格者在工作中的最大长处是什么？

职场中扮相最朴素或者最不修边幅的人，往往是5号人格者。他们崇尚简约主义和实用主义，对物质生活的需求比其他所有性格的人都低。这样做是为了把精力从物质追求中节省出来，然后最大限度地排除干扰，以便专心工作。由于他们把心思都用在了钻研上，只需要最少的能量来维持生活即可，在其他方面的能力可能显得比较平庸。

所以，5号人格者在职场中的角色通常是某个领域的专家、研究者或技术人员。就算成为高层管理者，他们依然有着如出一辙的思维方式——探索工作内容背后的规律。

在其他性格类型的人看来，只要明确工作方向，掌握工作技能就已经足够了。比如，4号人格者虽然会为自己的工作寻找一个特别的意义，但通常并不会过于深究其背后的内在规律。5号人格者则不然，无论做什么工作都会深入研究，弄清其全局概况，查明其本质属性与运行规律，以求彻底掌握自己所在行业的全部知识技能。

这种思维方式使得5号人格者在工作上比谁都钻研得更

## 心理学格言

5号人格者极其注重思考，以至全神贯注于精神世界，这可能是为了排斥其他事情。

——唐·理查德·里索

5号人格者把注意力集中于外部世界有许多理由，其中最重要的一个理由是：他们唯一可以确定的东西就是自己的思想。

——唐·理查德·里索

深，看问题也相对更全面透彻，很容易成为博学多识的专家。

5号人格者喜欢把事物概念化、理论化。每当积累了新的工作经验后，其他性格类型的人只是将其作为经验，而5号人格者会试图将其上升为新的理论。有趣的是，他们往往并不是靠亲身实践来体悟真理，而是通过观察周围的人与同行竞争者的情况来得出结论。

他们还喜欢从多角度看问题，反复尝试不同的新方法，努力在现有理论知识体系下取得新的突破。

出色的观察能力与归纳能力让他们能透彻地掌握理论知识，并将其用于工作当中。在理论的指引下，他们能在自己熟悉的领域中很快找到解决问题的办法，甚至打开新世界的大门。

需要指出的是，5号人格的专家跟其他性格类型的专家不同，追求的不是大众认可的成就感，而是心智活动本身。所以，他们非常适合做一些常人眼中费力不讨好的开创性工作，几十年如一日地钻研开发，不会因为名利和感情而轻易动摇自己的目标和理想。他们在这个方面有着惊人的毅力和干劲。

由于工作习惯的特殊性，5号人格者喜欢不被打扰的独立工作，不太在意与其他同事的交流。他们在工作之外沉默寡言，几乎不怎么喜欢和别人谈私事，讨论的内容往往还是工作本身。那些需要大量与人打交道的工作，会让5号人格者感到疲惫不堪，因为这让他们无法发挥自己在思维能力和原创能力上的优势。

此外，他们很讨厌没有规划、没有标准的工作内容，喜欢明确每道工序的时间。他们最希望工作环境井然有序，大家各司其职地分工合作，自己则在安静的私人空间里做好自己的分内之事。

# 情感模式：疏离情感，躲入自己的"城堡"

> 阅前思考：5号人格者在情感关系中的最大问题是什么？

在所有的人格类型中，5号人格者是最不容易产生亲密关系的类型。他们是那样的不合群，拒绝各种社交场合，躲进自己的私密空间。哪怕置身于人群中，他们也会找机会来到人少的角落，静静地观察各色人等的反应，却不直接参与交流。

比起行动上的离群索居，真正让人感到难以捉摸的是5号人格者的心思。他们在内心构筑了一道围墙，准确地说是建立起了一道长城，以阻挡别人窥探自己的内心。你很难从他们的脸上看出喜怒哀乐，就算看到了表情变化，也可能是他们故意展示给你的极其有限的一面。

5号人格者处理人际关系时有个独特的习惯——把自己的生活划分成不同的隔离区，每个区域里装着不同圈子的朋友，而且他们不会把不同区域的人进行互相介绍。有趣的是，他们跟不同区域的人交谈的内容往往没有太多重叠。也就是说，每个区域的朋友只能看到5号人格者的其中一面。这还是他们经过精心计算后分割出来的一部分的真实自我。

**心理学格言**

5号人格者的基本恐惧就是对无助和无力的恐惧，这对他们的行为产生深远影响。

——拉斯·赫德森

5号人格者认为自己的个人力量是有限的，所以他们以降低个人需要和活动范围来回应内心的焦虑。

——拉斯·赫德森

除了极少数知交，5号人格者不会让别人认识完整的自己，甚至只让对方看到自己修饰过的形象。

他们这样煞费苦心是为了保证自己有个独处的空间，毫无顾忌地释放被抑制的情感。他们还会在这里独自沉思、默默充电，积蓄解决下一个问题的知识和力量。尽管5号人格者容易给人留下形单影只的悲情印象，但他们自己从来不这么认为。恰恰相反，他们并不觉得自己孤独寂寞，而是很享受这种不被人情俗事打扰的乐趣。

令其他人困扰的是，5号人格者不仅有层层心防，喜欢躲避大众的关注，而且害怕与别人产生过于亲密的关系。

5号人格者的基本防御心理就是不把注意力集中在感情上。他们之所以总是保持着近乎冷漠的理智，就是因为把自己从感情中抽离了出来。他们也是人，也渴望获得真挚的感情，却又对感情不太信任。当5号人格者独处时，会对关系亲密者产生强烈的思念。但真正见面时，他们的思想感情又仿佛被封印住了，找不到自己的感觉。只有在独处时，5号人格者才能做回真正的自己，因为那才是他们能够放下一切戒心的安全状态。

但是，5号人格者并非不会产生深情。只不过他们的情感处理方式比较特别，先是在精神层面欣赏对方，然后才是感情层面。他们不会轻易做出承诺，但只要一做出承诺就会给对方经得起时间考验的感情。因为他们喜欢节省生命能量，只会把感情交付给精选过的可以信赖的对象。

# 与5号人格者互动的小窍门

阅前思考：5号人格者最反感什么样的沟通方式？

5号人格者喜欢保留私密空间，倾向于回避亲密关系，总是独来独往，喜欢收敛自己的感情，显得不那么容易接触。他们往往会用理性思维来代替自己的情绪，不太喜欢跟别人吐露心事。他们厌恶没有营养的谈话，喜欢有深度的精神交流，喜欢跟学问丰富、见识不凡的人交流。特别是遇到自己非常感兴趣且正在研究的话题时，5号人格者会变得很健谈，且以分享自己的研究心得为最大乐趣。

**能赢得5号人格者好感的举动**

◎真诚地赞赏他们的研究成果，能具体指出其价值所在。

◎展示自己的见多识广，让他们觉得你有能力帮助他们增长见识。

◎讨论他们最感兴趣的话题，注意多听少说、多提问，以便他们更充分地展示自己的学识。

◎尊重他们的私人空间和私人时间。

◎不在他们面前卖弄聪明，表现出虚心好学的态度。

◎尽量表现得理智、客观，逻辑清晰。

◎坦诚地告诉他们你想要怎么做，诚恳地征求他们的意见。

**会惹怒5号人格者的行为**

◎只顾滔滔不绝地自说自话，而且内容漏洞百出。

◎故意当众讽刺他们的内向腼腆，引导大家嘲笑他们。

◎强迫他们参与自己不感兴趣的社交场合。

◎对他们指手画脚，却又没有表现出令他们信服的智慧。

◎表现得太过热情或者太过谦卑，他们喜欢不卑不亢的人。

◎试图主宰他们的私人空间和私人时间。

◎情绪不稳定，不讲道理。

# 5号人格者眼中的其他人

> 阅前思考：5号人格者认为9号人格者有哪些缺点和自己一样？

### 5号人眼中的1号人

喜欢的地方：他们也非常独立自主，善于控制情绪。他们也喜欢钻研问题，做事三思而后行，绝不盲目冒进。我对处理琐碎的小事缺乏耐心，但他们可以一丝不苟地处理大量烦琐的细节。他们思维理性，重视原则，而且言出必行。

反感的地方：他们对琐事过于多虑，做事瞻前顾后。当我给出结论以后，他们还是会指指点点，试图改变我的想法。他们总是强调什么该做什么不该做，令我感到很拘束。他们总是在细节上纠缠不清，大局观念却让人不敢恭维。

### 5号人眼中的2号人

喜欢的地方：他们有着仁慈包容的内心，能充分表达自己的情感，也鼓励我大胆流露真情实感。他们对我的理智与逻辑性十分钦佩，让我感觉自己得到了应有的尊重。而且他们的幽默感可以让我松弛神经。

反感的地方：我不喜欢待在人多的地方，但他们热衷于社交活动，还想把我拉进人群。他们帮助别人时太感情用

**心理学格言**

5号在独特的环境中往往能全身心投入，他们喜欢在短时间内尽可能多地体验，然后把这些美好的记忆积累起来等到以后回味。

——海伦·帕尔默

5号人格者的生活被划分为不同的区域，每个区域里的朋友都不同，也不会从5号那里听到别人的事。

——海伦·帕尔默

事，以至于看不到现实的复杂性和残酷性。我忙碌的时候总是被希望寻求赞同的他们打扰。

**5号人眼中的3号人**

**喜欢的地方**：他们能专注于手头的工作，让我拥有更多单独思考的空间。他们精力充沛，充满干劲，擅长处理人际关系，经常帮我处理一些我不擅长的事情。他们喜欢不断从外界收集情报并表达看法，是一个交换意见的好对象。

**反感的地方**：他们太在乎别人对自己的看法，而且不擅长做深层次的思考，并不像表面上看起来那么有真知灼见。他们把心思都放在了工作上，习惯了快节奏的运转，反而看不到问题的全貌，也阻碍了个人成长。

**5号人眼中的4号人**

**喜欢的地方**：他们有一套独特的感情模式，不会因为别人的评价而轻易改变自己的主见，和我一样喜欢安静地独处。他们对参与有挑战性的事情乐此不疲，能激发自己表达细腻而丰富的情感。这点令我很羡慕。

**反感的地方**：他们非常情绪化，总是被情感问题弄得不可自拔。他们的内心敏感而脆弱，令我不得不谨言慎行。他们喜欢感情用事，多变的情绪令我感觉疲惫，在我希望独处的时候又经常分散我的注意力。

**5号人眼中的6号人**

**喜欢的地方**：他们和我一样不会对未知事物妄加评判，懂得怎样理性思考，并且具有了解更多知识的好奇心。他们比我热情一些，但很尊重我需要独处空间的习性，不会轻易打扰我。他们认真努力，作风踏实，有预见性，毫无浮夸之感，是可靠的同伴。

**反感的地方**：他们有太多的疑虑，想要别人给自己指点迷津，这让我因不停地解答疑问而精力透支。他们再次遇到同一个问题时，还是会反复提问，这简直是浪费时间。他们太依赖我，缺少自己的主见和行动能力。

**5号人眼中的7号人**

**喜欢的地方**：他们热情开朗，心态阳光，积极主动，在各种社交场合都能左右逢源，这些都是我所不具备的优点。他们思维活跃，能举一反三，并且能像我一样很快领悟事物的奥妙，并且总能想出令人眼前一亮的新奇点子。他们个性独立，不会过于依赖我。

反感的地方：在我需要独处的时候，他们的热情让人透不过气来。他们总是不停地参与活动，我经常找不到他们。他们心浮气躁，做事只有三分钟热度，刚懂点皮毛就把注意力转移到新的方向。我无法相信视规矩为无物的他们能做出令人满意的工作。

### 5号人眼中的8号人

喜欢的地方：他们自立自强，并不依赖他人，自信能搞定一切，事实上也的确能如愿以偿。他们有锄强扶弱的正义感，坐言起行，绝不瞻前顾后，而我就缺乏这么优秀的行动力。当他们与我争执时也是打开天窗说亮话，事后也不会计较恩怨。

反感的地方：他们处理问题时太简单粗暴，欠缺应有的弹性，也不懂得控制力度，很少会周密地考虑问题。他们把我的忠告丢到脑后，依然我行我素。他们在各方面都想争夺主导权，经常忽略别人的感受。

### 5号人眼中的9号人

喜欢的地方：他们态度温和，不会反驳我的观点，和我一样不喜欢对未知之事妄下评论。他们朴实大方，举止端庄，让人感觉舒适。他们不会逼我做我不想做的事，并且会真诚地感谢我的忠告和建议，对我十分尊重。

反感的地方：他们的观点和立场好比是一团糨糊，模糊不清。他们的自我分析能力比较糟糕，只是表面上赞同我的建议，实际上并没有深入研究。他们说话经常不着边际，缺乏逻辑性，也不善于主动沟通。他们和我一样善于思考而弱于行动。

# 第七章
## 6号——"我忧故我在"的疑惑者

　　他们是你身边最谨小慎微的人。他们从来不狂妄自大，也不喜欢把话说得太满，"凡事三思而后行"是他们坚定不移的信条。他们的忧患意识超过了所有其他类型的人。为了安全起见，他们会反复考虑和检查所有的细节，哪怕周围的人都认为这是小题大做。这类人做事通常不会出什么纰漏，真遇到麻烦时反而能挺身而出，根据事先想好的预案果断处理。

　　有趣的是，这一类人身上集合了多种矛盾的性格成分。他们对世界充满了疑惑，希望依赖权威，却往往成为权威的挑战者。他们对别人充满疑问，喜欢以某种方式试探别人的真心。但他们对自己信任的人堪称最忠心耿耿的守护者，甘于矢志不渝地奉献甚至牺牲。

　　他们就是6号人格者，又称疑惑者、怀疑论者、忠诚者、发问者。

# 如何识别6号人格者

阅前思考：6号人格者的表情有哪些特点？

如何识别6号人格者？具体识别信号及内容见下表。

**心理学格言**

6号人常常受困于对自己和他人的怀疑。

——裴宇晶

6号人无法承受太久的"太平盛世"，他们总是担心风平浪静背后可能暗潮涌动。

——裴宇晶

6号人希望现实所发生的事情全在自己的预料中，一旦发生意外，他们就会紧张，即使是惊喜也成了惊吓。

——裴宇晶

| 识别信号 | 特　点 |
|---|---|
| 价值观 | 认为世界充满危机和不确定因素，尽可能把所有的最坏情况都考虑到位，预先做好万全的准备。为了做好这点，希望得到权威的正确指导和同伴的鼎力相助。怀疑周围人的动机，很想弄清楚对方的真实态度。要么彻底地服从权威，要么带头反抗不可信赖的权威。既忠实于强有力的领导者，又对被压迫者怀有打抱不平的责任感。害怕直接发火会让他人不再支持自己，从而走向自己的对立面。要求自己成为靠得住的可信之人。 |
| 性格关键词 | 值得信赖、遵守承诺、小心谨慎、忠诚可靠、敏感多疑、犹豫不决、焦虑不安、警惕性强。 |
| 关注点 | 潜在的风险、不确定因素、权威的正确性、同伴的可靠性、他人的信用度。 |
| 着装风格 | 着装风格比较传统，崇尚朴实无华，不喜欢太耀眼的色彩和款式，倾向于色调偏暗的服饰，通常给人一种稳健守旧的印象。 |

（续表）

| 识别信号 | 特　点 |
|---|---|
| 说话方式 | 　　说话时总是边想边说。讨论话题时经常用不确定的语言来表达自己存疑的地方，喜欢使用疑问句。语速平时不紧不慢，压力增加时会突然变快。表达方式总是留有三分余地，从不把话说满说死，以便自己立于不败之地。发言非常谨慎，既不愿直接面对问题，也不想被别人控制话题。<br>　　习惯用语有：为什么、万一、可是、然而、但是、不确定、不清楚、也许、可能、说不定、大概、承诺、当心等。 |
| 眼神表情 | 　　目光有时候是扫描式（横向运动），有时候锐利异常，经常带有焦虑不安的神情。<br>　　表情一般很机警、冷静、拘谨，平时也没有太多的感情色彩流露，但焦虑时的神态会有点局促不安。 |
| 肢体语言 | 　　动作通常比较僵硬，充满了戒备性，肌肉绷得很紧，喜欢低头。紧张时会吞口水，无论站立、坐卧，还是行走，都会变得比较拘束。他们会冷眼观察环境，心里盘算着对策。假如别人与自己立场相左时，会有更多反映不安情绪的小动作。 |

## 6号人格者代表：夏洛克·福尔摩斯

　　夏洛克·福尔摩斯：19世纪末的英国侦探小说家阿瑟·柯南·道尔所塑造的一个才华横溢的虚构人物。他的身份是私家侦探，善于通过观察与演绎推理和法学知识来解决问题，帮助英国警方破获了多起疑难案件。

# 精神内核：获得安全感，被他人完全认可

阅前思考：6号人格者为什么那么多疑敏感？

在童年时期，他们因父母反复无常的态度而受到心灵折磨。在他们眼中，这些成年人往往会毫无预兆地冲自己大发雷霆，并且把"说话不算数"当成家常便饭。于是他们开始认为，这个世界充满了欺骗与不确定性，人心是靠不住的。为了摆脱这种无助感，他们从幼年时就开始学会察言观色，通过预测父母及别人的态度来避免使自己陷入危机。他们就是6号人格者——"我忧故我在"的疑惑者。

6号人格者在成年之后依然无法完全克服心中的无助感。他们谨小慎微，心思多疑而敏感，每遇到一处疑问都会反复求证。由于害怕受骗上当，他们会把内心的不安全感投射到外部环境中，一开始就把问题想得很复杂，以便最大限度地预判潜在的风险。与此同时，6号人格者总是希望做好万全的准备才行动，同时还想得到权威的正确指导与可靠同伴的全力支持。否则的话，他们的心里会一直不踏实。

由此可以看出，"安全感"是贯穿6号人格者一生的关键词。他们往往比自己认为的更加出色，却因缺乏安全感而感

到孤立无助，怀疑自己的行动能力，信心不那么充足。这种心态使得6号人格者渴望找到一个强有力的领导者、保护者或同伴。

耐人寻味的是，6号人格者一方面会把保护者的形象理想化，愿意像忠诚的卫士一样患难与共（所以6号又称忠诚型）；另一方面又会精确地感知权威人士身上的负面品质，从而质疑权威的可靠性和公正性。

假如自己追随的权威具有公正无私的美德与过人的智慧，6号人格者就会极度忠诚，一旦权威变得不再能发挥保护伞的作用或蜕变成不值得信赖的人，他们就会变成反抗权威压迫的积极分子。归根结底，他们都是在寻找安全感。

有趣的是，6号人格者非常害怕风险，总是喜欢在想象中扩大隐患的威胁，但当他们真的陷入绝境时，反而比其他性格类型的人更加镇定自若、游刃有余。处于思维三元组中心的6号人格者平时存在以过度的思考代替行动的问题。若是直接面临不得不立即做出反应的环境，他们就会用行动代替思考，不再犹豫多疑，反而会果断大胆地展开绝地反击。因为6号人格者在这时候会发现，真正降临的威胁并没有自己想象中那么严重，平时头脑中积累的预判情况与应对方案让他们如鱼得水。

总之，由于缺乏安全感，6号人格者变得谨慎多疑，渴望得到他人（特别是他们眼中值得信赖和依靠的权威）的完全认可。只有当安全感得到满足时，他们心中的焦虑和恐惧才能得到缓解。

# 职场角色：最具忧患意识的"忠诚卫士"

阅前思考：6号人格者为什么在危机来临时反而最沉着冷静？

每一种行业都有自己的风险，风险管控是组织和个人取得成功的一个重要因素。对于这点，没有谁比6号人格者认识得更深刻。所以，他们给大家的印象往往是"什么事都往坏处想的胆小鬼"。

事实上，6号人格者过分小心谨慎的作风并不是在庸人自扰。他们只是想把所有的隐患扼杀在萌芽状态，为所有可能威胁工作进展的隐患做好应对预案。每当预判的问题真的降临时，其他人格类型的人可能会惊慌失措，也可能会反应迟钝。但6号人格者则会一反平时焦虑过度的样子，在危难之时显出力挽狂澜的英雄本色。因为其他人只是第一次面对这种情况，他们则早已在脑海中做了无数次演习，可以胸有成竹地按照早已想好的对策果断摆平问题。

6号人格者在职场中往往是最具忧患意识的员工。他们经常能察觉大家没有注意到的问题，特别是潜在的风险。他们生性多疑，既能忠实地与众人诚信合作，又会反复猜测别人的动机。无论是事情本身的风险还是图谋不轨者的险恶用心，都很难逃过6号人格者的眼睛。

所以，许多6号人格者会从事风险评估、情报、侦察、安保、疫病控制、质量检查、审计、监察之类的需要高度警惕性的工作。就算从事其他类型的职业，也依然会带着这种忧患意识来做事。

对于6号人格者来说，成为众人关注的焦点会令他们不安。他们往往不喜欢做组织的一把手，更喜欢充当一把手的左膀右臂。因为他们足智多谋却不擅长做决断。他们太过小心谨慎，在三思而后行的基础上依然瞻前顾后，生怕踏错一步。这种犹豫不决的多疑性格，很可能让他们错失大好良机。而思维缜密的他们也很清楚这一点，所以会主动选择扬长避短，仅仅充当为决策者提供方案的智囊或者捍卫决策者核心利益的忠诚卫士。

职场中的人际关系是复杂的，钩心斗角的情况屡见不鲜。有趣的是，6号人格者是所有性格类型中对人戒心最强的类型，自己却又非常希望获得稳固、可信赖的盟友关系。他们总是试图从蛛丝马迹中揣测对方的心思，有时候会对别人的一言一行过度敏感，但这只是为了确定对方是否言行一致、是否经得起考验。

说到底，6号人格者最喜欢确定的人和事，最怕不确定因素。他们非常重视承诺，言出必行，力求成为值得大家信赖和依靠的人。与此同时，他们也希望别人能这样对待自己。在关系和睦、开诚布公、团结一致的组织文化氛围下，6号人格者不仅能最大限度地施展才能，而且会比谁都更加卖力地维护这种充满安全感的工作环境。

## 情感模式：多疑敏感，试图构建"人际关系长城"

> 阅前思考：6号人格者在情感关系中的最大问题是什么？

从"疑惑型"与"忠诚型"这两个别称，你一定能感受到6号人格者的矛盾属性。他们是所有人格类型中最多疑的那一类人，同时也是最在乎信任与承诺的那一类人。

6号人格者的多疑并不是因为对人的劣根性感到悲观，而是为了预演可能出现的各种问题，以便更好地处理威胁情感稳定的隐患。比如，他们会设想自己与亲人之间可能会因什么事情而产生矛盾，然后提前避开那件事；他们在与伴侣结婚之前会考虑双方能否白头偕老；他们在经营婚姻时，可能会殚精竭虑地避免让配偶对自己失去感情。

对于6号人格者来说，世界上没有什么东西是天生安全的，没有什么感情是不经过细心呵护就能长久维持的。

这种观念固然是源于他们内心深处的焦虑和不安全感，但要看到他们为了克服焦虑和不安全感，也一直很努力地做好自己该做的事情。换个角度来看，这恰恰体现了6号人格者对感情的强烈责任心。他们不会跟对方随便玩玩，也不会情绪化地忽冷忽热（他们很怕别人这样对待自己），更不会

**心理学格言**

所有6号人格者都有着特别的警觉性，因为只有这样，他们才能预想出环境中的问题，尤其是他人的问题。

——拉斯·赫德森

6号人格者善于根据环境的变化生活在一种持续交替的状态中。

——拉斯·赫德森

突然玩失踪。某些人格类型的人对待感情的游戏心态，在6号人格者身上是不会出现的，因为他们觉得这样不仅伤害了别人，也会祸及自己。

通常来说，6号人格者倾向于与他人构建稳固的长期关系，特别喜欢不断向对方做出承诺，而且往往也能兑现承诺。每一个承诺都代表着6号人格者认为可能会对感情造成影响的问题，而做出承诺说明他们有决心和责任感去解决这个问题。此举是为了一再证明自己对亲密关系的忠贞不移。这是他们对待情感的最基本的方式。

然而，对他们来说，建立真正的信任关系并不容易。6号人格者往往担心自己过分亲近、依赖、宠溺对方时，会在情感关系中处于不利的位置。承诺可以消除疑虑，但他们又很容易因为一些小事情而产生疑心。

他们喜欢为自己规划一个美好的未来，喜欢扮演给予者的角色，喜欢与关系亲密者同甘苦、共患难。但与此同时，他们很清楚别人的性格弱点，也对别人甜言蜜语背后的动机满腹狐疑。他们会讨好关系亲密者，努力让对方感到快乐，这种真诚的付出能让他们感受更多的爱，获得更多的安全感。假如对方有点表里不一，言行相悖，他们就会非常失望。

6号人格者会经常揣测对方的内心，把问题往坏的方向想，将内心的猜忌投射到对方身上。但是，只要对方保持言行一致，他们就会消除潜在的恐惧。如果对方及时重申自己对感情的忠诚或某个简单的承诺，以此表明真心，6号人格者就能释然，继续把对方的需要放在首要位置。

# 与6号人格者互动的小窍门

> 阅前思考：6号人格者最反感什么样的沟通方式？

6号人格者谨慎而多疑，很难不假思索地接受某个人、某件事、某种观点。但只要通过了他们的严格检验，他们就会对此深信不疑甚至坚决捍卫。所以，他们最喜欢和靠谱的人打交道。与6号人格者沟通的诀窍是耐心通过验证。他们会在与你接触的过程中暗自考察，然后评估你的信用度与可靠程度。他们经常揣测你的真实想法，同时也不反感你对他们穷根究底，因为那正是6号人格者证明自己忠实、诚信、靠得住的机会。

**心理学格言**

具有讽刺意味的是，6号人格者必须在心里装着"危险"，这样才能感觉到安全。

——拉斯·赫德森

患有恐惧症的6号看上去总是鬼鬼祟祟的，对生活充满了恐惧。

——海伦·帕尔默

**能赢得6号人格者好感的举动**

◎ 许下的承诺必定兑现，如果无法做到就事前直说做不到。

◎向他们开诚布公地表明自己的心迹与打算。

◎认真考虑他们提醒你应该注意的潜在问题。

◎在他们疑惑不解的时候，给出有说服力的答案。

◎在他们举棋不定的时候，给出合理建议并鼓励他们下决心。

◎心平气和地告诉他们不需要太焦虑多疑。

◎当他们因猜疑而生气时，告诉他们已经明确的真相或者表明自己正在努力寻找解决之道。

**会惹怒6号人格者的行为**

◎言谈举止轻浮无礼，态度马虎大意。

◎做事心浮气躁，完全不顾后果。

◎朝令夕改，让他们无所适从。

◎言行中表现出强烈的不信任感。

◎轻易承诺无法实现的事情，又总是为自己违背约定的行为找借口。

◎情绪多变，喜怒无常。

◎欺骗他们，哪怕是善意的欺骗。

# 6号人格者眼中的其他人

阅前思考：6号人格者对5号人格者的哪些优点感到敬佩？

### 6号人眼中的1号人

**喜欢的地方：**他们为人忠实可靠，做事坚决果断，能帮我分析事情的轻重缓急，能给我指点正确的方向，有着极强的原则性，和我一样言出必行，不会半途而废，不会违背诺言。当他人对我不利时，他们会仗义执言，以阻止那些罪恶行径。

**反感的地方：**他们总是以高标准要求我做这做那，让我感到了沉重的压力。他们对自己不认同的事情会强硬拒绝，并且严厉批评我的观点，让我感到十分难堪。他们会仔细检查我做过的每一个细节，仿佛我靠不住似的。

### 6号人眼中的2号人

**喜欢的地方：**他们给我温暖的关怀，能让我感到轻松快乐。他们会尊重我焦虑过头、爱紧张的缺点，给我带来安全感。他们慈悲为怀，个性宽厚，对我的过错也是极力包容，令大家都感到敬佩。

**反感的地方：**当我婉谢他们的好意时，他们会给我施加

**心理学格言**

一个反恐惧症的6号可能也会通过直接指出客人的真正意图，来让对方感到难堪。

——海伦·帕尔默

6号人格者常说他们是被那些不值得信任的权威养大的。

——海伦·帕尔默

6号因此学会了犹豫，学会了检查危险信号，学会了在权威行动之前就察觉他们的动向。

——海伦·帕尔默

一些压力。他们对待那些心怀恶意之人也非常温和，我怀疑他们是不是以真心待我。他们忽略了我的感受去关注别人，让我有种被疏远的感觉。他们感情用事，不太会理性思考。

### 6号人眼中的3号人

**喜欢的地方：**他们敢想敢干，能以积极的心态看待周围的人和事，有着明确的目标，并且会努力追求自己想要的东西。他们是社交高手，善于和不同类型的人和睦共处，并且经常鼓励我，让我变得更为自信。

**反感的地方：**他们总是喜欢浮夸地表现自己的能力。他们对我的恐惧和疑虑漠不关心，把精力都用在工作上，而不太会用心经营我们的友谊。他们其实是在用忙碌来掩盖自己的焦虑，却对我的焦虑漠不关心。最让人无法容忍的是他们会为了面子而撒谎，这是我最憎恨的事情。

### 6号人眼中的4号人

**喜欢的地方：**他们有我所欠缺的创造力与感受力，想法充满了灵性，能让人体验到细腻的内在感受。他们对过去充满深沉炽烈的感情，连我都不免为之感动。他们和我一样对不可信的权威会毫不留情地反抗。

**反感的地方：**他们的情绪跌宕起伏，变化速度简直迅雷不及掩耳，令人捉摸不透。他们的感情脆弱，太容易受到打击。他们反驳我的观点时，会用非常情绪化的表达方式出口伤人。他们忽冷忽热的态度让我缺乏安全感。

### 6号人眼中的5号人

**喜欢的地方：**他们冷静客观，思路清晰，善于从全局把握事物，能帮我从不同的角度来看问题。他们和我一样对不清楚的东西不轻易盖棺定论。他们非常信守承诺，一定会兑现答应的事，这也是我最重视的地方。

**反感的地方：**他们没什么耐心听我倾诉满腹疑虑，觉得我对他们的信赖是一种负担，并因此跟我保持距离。我总是搞不清他们在想什么，他们也不喜欢向别人吐露心声。他们冷静过头，火烧眉毛的事也不能改变其生活节奏。

### 6号人眼中的7号人

**喜欢的地方：**他们充满阳光气质，能让我也感到快乐。他们认为事物大多数是正面的、美好的，经常给予我鼓励，让我对未来的不安全感有所缓解。他们脑子里装满了新点子，能很快地激活我的想象力。

**反感的地方：**他们总是嘲笑我的忧患意识是小题大做，没有耐心听我陈述心中的疑虑。他们总是夸夸其谈，给人心浮气躁的感觉，思考问题也比较浅显，无法给我中肯的答案。他们涉足过多活动，以至于没时间联络感情。

### 6号人眼中的8号人

**喜欢的地方：**他们从不担心未来，也能自信地面对未知事物，这是我最佩服的地方。他们从不在乎别人的眼光，有话直说，不需要我费心思去猜测真实意图。他们在我困难的时候总能挺身而出，让我很有安全感。

**反感的地方：**他们太自负，过分迷信自己的力量，毫无危机意识。他们嫌弃我的软弱、犹疑，但我对他们的鲁莽行为感到非常担忧。他们控制欲太强，企图驱使我，这让我感到很不舒服。

### 6号人眼中的9号人

**喜欢的地方：**他们愿意用心倾听我的焦虑，安抚我的心情，让我可以勇敢地继续前进。他们能包容我的缺点，态度和蔼可亲，总是能以淡定平和的心态面对各种事。这让我也感到十分安心。

**反感的地方：**他们虽然不公开反对我的观点，但总是不听我的劝告。他们过分安泰，一点激情和活力都没有，令人乏味。他们从来不主动表明立场，我总是搞不清他们的真实想法，只能靠不停猜测。他们总是无视隐患，盲目地相信"车到山前必有路"。

# 第八章
## 7号——"我乐故我在"的享乐主义者

　　他们是你身边看起来最乐天的人。活泼开朗，风趣幽默，兴趣广泛，多才多艺，自由自在，是他们给周围人留下的主要印象。最重要的是，他们比其他类型的人更喜欢玩，也更懂得什么样的玩法才有意思。沉闷单调的氛围是他们唯恐避之不及的地狱，但只要有他们这些"开心果"在，社交场合的气氛就不会索然无味。

　　你有时候会觉得他们有点没大没小、夸张过度、虎头蛇尾，却又不得不由衷地感叹他们旺盛的活力和层出不穷的鬼点子。他们热衷于体验世界上一切有意思的事物，追求新鲜刺激而丰富多彩的生活体验。跟他们在一起时，其他人能感受到一份浓厚的童真之趣，从而把烦恼暂时抛之脑后。

　　他们就是7号人格者，又称享乐主义者、热情者、多面手。

# 如何识别7号人格者

阅前思考：7号人格者的价值观有哪些特点？

如何识别7号人格者？具体识别信号及内容见下表。

| 识别信号 | 特　点 |
| --- | --- |
| 价值观 | 　　世界上拥有无限的可能性，应该拥有多项选择，来获得更丰富的经历与更快乐的体验。通过不断参加多种活动来保持较高的兴奋度，以免情绪变得低落。避免对单一的选择做出承诺，尽可能地保留更多的选择权。用令人快乐的精神活动来代替深层次的亲密接触。遇到困难的任务时，想办法从中逃脱。制订多样的计划，将冒险和尝新进行到底，这样才能得到更加有趣的生活。 |
| 性格关键词 | 　　热情、无拘无束、狂放不羁、幽默诙谐、喜气洋洋、兴高采烈、乐天达观、活泼开朗、机智灵活、醉生梦死。 |
| 关注点 | 　　好玩的事情、新奇的事物、令人感兴趣的人、新的可能性、新的方法。 |
| 着装风格 | 　　不按常理出牌的打扮风格，时常以奇装异服来标榜个性，酷爱追逐时尚，紧跟最新潮流的款式，喜欢鲜明夺目的色泽。不喜欢正装、商务装、制服等让人感觉被束缚的服装。 |

**心理学格言**

和7号人聊天就像坐在飞船上看着宇宙中各种新奇的风景，有趣又过瘾。

——裴宇晶

创新对于7号人来说不是一件困难的事情，他们脑中很容易迸出稀奇古怪的点子。

——裴宇晶

和7号人一起生活永远有意想不到的惊喜在等着你。

——裴宇晶

（续表）

| 识别信号 | 特　点 |
|---|---|
| 说话方式 | 讨论内容非常跳跃，思维缺乏连贯性和逻辑性，经常从一个话题跳到另一个不相干的话题。喜欢吹牛，语不惊人死不休，特别能侃，擅长辩论和狡辩，经常插嘴、打岔、跑题，堪称典型的"话痨"。喜欢闲谈式交流而不是正式对话，心直口快，有时甚至口不择言。语速快，语调欢快，用词诙谐，非常能调动谈话气氛。<br>习惯用语有：有意思、真没劲、开心就好、无聊、快点、好玩、陪我一起、太麻烦了等。 |
| 眼神表情 | 眼神灵动，游离不定，因为他们总是想要发现所处环境中还有哪些新奇的事物。目光清亮，没有愤怒、悲伤、忧郁、焦虑的成分。<br>表情轻松欢快，非常爱笑，有着让人心情舒畅的感染力。 |
| 肢体语言 | 难以安静地待在一个地方，小动作非常多，而且变换很快。可以说是最好动的人格类型。经常会做一些夸张的举止来引人注目。 |

## 7号人格者代表：史蒂文·斯皮尔伯格

史蒂文·斯皮尔伯格（1946—至今）：美国著名电影导演、编剧和电影制作人。1982年的电影《E.T.》使他获得当年的奥斯卡最佳导演奖提名；1993年，他凭借电影《辛德勒的名单》获得奥斯卡最佳影片、最佳导演等多项大奖；1999年再次凭借电影《拯救大兵瑞恩》获得第71届奥斯卡最佳导演等多项大奖；2009年获得第66届美国电影电视金球奖终身成就奖；2013年《时代》杂志将他列入世纪百大最重要的人物中的一员。

# 精神内核：逃避痛苦，享受生活中的无限乐趣

阅前思考：7号人格者为什么迫切地想要满足自己所有的欲望?

他们在童年被父母严厉管教，做了很多自己不喜欢的事情，心理产生了不少挫败感。由于养育自己的人在某个关键阶段的缺位，他们觉得自己无法从养育者那里得到想要的东西。为了逃避被束缚、被剥夺的痛苦，他们开始屏蔽消极的记忆，只记住那些美好的回忆，并且向外界寻找各种有趣的东西来化解内心的阴霾。他们就是7号人格者——"我乐故我在"的享乐主义者。

在思维三元组中，7号人格者与5号、6号人格者相比，对抗恐惧的方式大相径庭。6号人格者总是过于警惕潜在的问题，5号人格者则完全退出自己感到恐惧的环境，7号人格者则会反其道而行之，通过主动找乐子来消除恐惧。

所以，从表面上看，7号人格者一般不会表现出焦虑，反而给大家一种不知愁滋味的印象。他们热情、阳光、开朗，喜欢给未来做很多计划并真正去执行。他们相信自己是出类拔萃、与众不同的人，为了维持积极乐观的心态，会主动向那些有利于自己的环境和人靠拢，而忽略那些对自己不

**心理学格言**

7号人相信生命是没有止境的，生命中总是有令他们感兴趣的事情等待着他们。

——裴宇晶

一般状态下的7号人格者需要即刻得到满足，他们要尽情享受，也从不否定自己的需求。

——唐·理查德·里索

利的评价。因此有人觉得7号人格者哪怕成年以后还是会保持一点青春期时的自恋。

在所有的人格类型中，7号人格者最热爱自由，向往无拘无束且无忧无虑的生活。单调、枯燥、拘谨的环境是他们唯恐避之不及的。他们随心所欲，稍微感到疲劳和压抑就会把注意力转移到别的事情上，以免让烦恼趁机侵入自己的内心。

对于他们来说，自由意味着可以拥有多种选择，只要还能掌握选择权，生活的乐趣就永无止境。为此，7号人格者热衷于尝试各种各样的体验，却又喜欢点到为止，不会完全投身于某种宏大的事业中。因为他们头脑中总是同时装着好几件事，而做不到仅仅专注于一件事。而且他们认为太过沉浸在一件事中，就会剥夺他们体验其他事物的时间和精力。而7号人格者恰恰最害怕被剥夺自由与选择权，无论是强制性的剥夺，还是间接的剥夺都会让他们感到恐惧。

尽管他们从来不会把内心中的害怕表露出来，但依然会通过能说会道的谈吐和热情潇洒的态度来掩盖自己害怕暴露缺点的事实。因此，广泛的爱好极有可能只是其中的一个幌子。7号人格者积极寻求快乐，实际上还是为了填补精神的空虚，逃避内心的痛苦。

他们总是放纵自己去做"最快乐的事情"，用积极正面的想象来构筑一个理性的自我形象，以便把美好的事物汇聚在心里，把不美好的东西都屏蔽在心外。假如不以快乐情绪代替负面感受，7号人格者就会很快失去生命活力。

## 职场角色：喜欢新鲜与弹性的"点子王"

阅前思考：7号人格者在什么环境下的工作效率最低？

头脑风暴法是现代企业常用的决策工具。参与会议的人无拘无束地表达自己的想法，思维越发散越好，大家只阐述而不争辩，相互碰撞出灵感的火花，会议结束后再总结出一个可行的方案。这就是头脑风暴法的基本套路，而在"头脑风暴"中表现最活跃的往往是7号人格者。

在所有人格类型中，7号人格者的大脑可能是转得最快的。况且他们属于思维三元组，本来就以思维能力见长。不同于5号人格者缓慢而深入的思考习惯，也不同于6号人格者以预判风险为重心的思维导向，7号人格者最善于进行跳跃性极大的发散思维。他们的思考一般不会太深入，而是在众多看似风马牛不想及的事物中迅速切换。有趣的是，这种高度发散的思维方式时常能意外地催生出令人叫绝的奇妙点子。因为它超越了固有观念的条条框框，从而在没有路的地方开辟新的道路。这种能力为7号人格者带来了与众不同的职场优势。

热情开朗的7号人格者具有在快节奏、高压力的环境中快速思考和行动的能力，在一个项目的初始阶段往往表现得最出色。神游八荒的开阔视野让他们能迅速闪现出独树一帜的灵感，为大家的工作打开新思路，找到新方法，取得新突破。

但是，7号人格者的精力很难集中，无法保持一丝不苟、不厌琐碎的执行力。所以，他们在项目执行阶段的表现往往不如其他性格类型的员工。总体而言，他们更能胜任设计与策划等需要想点子的工作，至于系统地研究可行性方案、制订周密的工作计划、按部就班地落实细节等工作，恰恰是7号人格者的短板。

7号人格者喜欢冒险和刺激，喜欢尝试新东西，而且想到了就去做，不会有太多顾虑。这使得他们很容易成为对多个领域都有一定了解的多面手。也正因为如此，他们是职场中最渴望无拘无束的人，甚至比4号人格者更在乎自由的工作环境。

他们精力充沛、兴趣广泛、热衷社交，什么都想了解一下。尽管他们占有的资源多、接触面很广，但资源利用率被他们三分钟热度的习性拉得很低。说到底，7号人格者还是怕被束缚在单一的选择上，希望掌握无限的可能性。因此，他们非常不喜欢按照严丝合缝的计划来做事，更喜欢领导只给出大方向和期限，剩下的由他们自由发挥的工作方式。唯有这样，他们才能自由、充分地施展"新点子生产线"的优势。

# 情感模式：共享美好，讨厌被束缚

阅前思考：7号人格者在情感关系中的最大问题是什么？

毫不夸张地说，7号人格者往往是大家最好的玩伴。他们是所有性格类型中最开朗最阳光的人，不会把心中的焦虑展现出来，而是用最乐观的态度看待一切。作为享乐主义者，他们熟悉各种有趣的事物与游戏法则，特别善于调动气氛，能让在场的人也感受到轻松快乐。

通常而言，7号人格者更喜欢跟同类人做朋友。你可以想象一下，两位7号人格者坐在一起交流各种有趣的经历，把各自的烦恼丢到九霄云外，尽情享受眼前的一切。这样会让他们获得最多的安全感，如同身处一个心灵相通的大家庭里。

不过，以活跃、合群著称的7号人格者并不会把社交对象局限在同类人身上。他们喜欢做娱乐活动的组织者，把不同的朋友拉到一起共同享受娱乐时光。当然，当大家距离拉近的时候，他们会发现彼此之间还是会有不少矛盾。即便7号人格者享受这种大家庭的感觉，也不会奢求与其他人真正像大家庭那样天天生活在同一个屋檐下。

7号人格者都很自恋，为了让自己变成"万人迷"的形象，会化身为吹牛大王，以引起其他人的崇拜和爱慕。他们特别喜欢自己关注的人对自己佩服得五体投地的样子，但这更多是为了满足自己的享乐欲望，而非为了建立长久的稳固关系。因为他们是害怕被剥夺其他可能性，害怕被承诺束缚的享乐主义者。

　　与同属思维三元组的5号、6号人格者不同，7号人格者在保留所有的可能性时感到最快乐。也就是说，他们不想为一棵树而放弃整片森林，不会把全身心都投入到一次情感经历或一个亲密对象上。因为那样会让他们失去新鲜感，感到生活变得索然无味，心灵被枯燥与烦闷的感觉反复折磨。他们不喜欢做承诺，怕被责任束缚，只想享受快乐。

　　共同讨论美好的事物，是7号人格者与他人建立亲密关系的常见套路。他们非常善于让情绪不佳的关系亲密者舒展愁眉、破涕为笑。不得不承认，这时候的他们非常有魅力，十分讨人喜欢。但他们不擅长与那些因始终沉浸于负面情感而无法露出笑脸的人交流，会为了保持自己的快乐心情而选择回避。但随着关系越来越稳定，7号人格者又会意识到这段感情中平淡乏味的一面，寻找新鲜刺激的念头会再次蠢蠢欲动。

　　充满自恋情结的7号人格者觉得自己追求快乐是天经地义的事，所以无法接受冲突和责备，那将意味着他们成了失败者。他们会用各种活动来回避冲突，避免被指责，显得缺乏责任心。从这个意义上讲，7号人格者并没有生活在真正的情感关系中。他们心里充满了各种对情感关系的浪漫想象，舍不得为已经掌握的情感停下脚步。

# 与7号人格者互动的小窍门

> 阅前思考：7号人格者最反感什么样的沟通方式？

7号人格者普遍贪玩，兴趣十分广泛，喜欢冒险和接触新鲜事物。他们非常健谈，善于调动对方的兴致，跟他们打交道通常比较容易。不过，一般人并不容易跟他们建立较深的交情。因为7号人格者本身注意力很分散，还喜新厌旧，对待自己觉得无趣的人会比较冷淡。此外，他们也不愿意跟那些喜欢煞风景的人打交道。

**能赢得7号人格者好感的举动**

◎对他们的活泼开朗表示赞赏。

◎倾听他们分享自己的有趣经历，并且能与他们共同分享其中乐趣。

◎给他们自由的空间和自主裁量权，满足他们希望获得多种选择的心理需求。

◎温和而简明地提建议，而不是长篇大论地灌输理念。

◎分享你遇到的趣事，告诉他们有哪些新事物可以去尝试。

◎对他们天马行空的点子表示赞叹，而不是直接否定或

**心理学格言**

健康状态下的7号人格者喜欢做快乐的人，这是他们生活的目标。

——拉斯·赫德森

虽然健康状态下的7号人格者爱憎分明，但他们对事物的态度非常积极。

——拉斯·赫德森

健康状态下的7号人格者对生产和创造更感兴趣，而一般状态下的7号人格者更热衷于消费和娱乐。

——拉斯·赫德森

嘲讽。

◎不逼迫他们一定按照某个条条框框或某个约定来做事。

**会惹怒7号人格者的行为**

◎经常地批评和指责他们。

◎处处限制他们，让他们无法自由选择。

◎给他们太多的压力，特别是强迫他们面对不愉快的事情。

◎在他们表现出不耐烦的时候依然穷追不舍。

◎认为他们的各种经历毫无意义。

◎强迫他们许下某个承诺，或者强迫他们做出唯一的选择。

◎在社交场合抢他们的风头，尤其是在他们正兴致勃勃地发表演说的时候。

# 7号人格者眼中的其他人

阅前思考：7号人格者最讨厌1号人格者的什么习惯？

### 7号人眼中的1号人

**喜欢的地方：**他们在我如痴如狂时会及时提醒我注意安全。他们非常有原则，在我被冤枉时能站出来伸张正义。他们做事非常细心，不像我总是丢三落四、粗枝大叶的。他们总是对我的积极乐观表示称赞，让我感到很受用。

**反感的地方：**他们经常会批评我的小错误，让我产生强烈的负罪感。他们总是想以自己的方式来纠正看到的所有问题，对别人指手画脚。他们总是心怀愤怒与不平，不能像我一样享受人生。

### 7号人眼中的2号人

**喜欢的地方：**他们能包容我的任性，喜欢聆听我经历的各种趣事，理解我对自由的强烈渴望，对人特别热情和体贴。他们知道我有哪些才华，而且总能在我最需要的时候抛出橄榄枝。

**反感的地方：**每当我有事情要离开而不能继续听他们说话时，他们会显得非常不高兴。他们太过感情用事，总是深

**心理学格言**

7号人格者会努力吸引对方，试图通过快乐来消除紧张。

——海伦·帕尔默

7号人格者希望自己是永远长不大的孩子。

——海伦·帕尔默

7号人格者总是精力充沛，只要他们感兴趣，就愿意努力工作。

——海伦·帕尔默

7号人格者喜欢同时拥有多种选择并且安排后备计划。

——海伦·帕尔默

陷其中而难以自拔。他们对我很关心，但总想改变我的生活态度。他们在关心别人的时候，会把我的需求忘到一边。

### 7号人眼中的3号人

**喜欢的地方：**他们的精力十分充足，与我不相上下。他们积极主动，对工作充满了干劲。他们和我一样喜欢社交活动，每次交流都非常愉快。他们和我一样喜欢打扮自己的外表。他们总是能给我充分的自由空间去完成我想做的事。

**反感的地方：**他们在工作上投入太多，完全不懂得享受当下的生活。他们只在乎结果而不关心过程，从而忽略了很多宝贵的东西。他们和我一样喜欢对问题视而不见，盲目乐观。他们时常对我喜欢的事物感到不屑，也没耐心听我分享经历。

### 7号人眼中的4号人

**喜欢的地方：**他们丰富的情感能激发我的好奇心，充满灵气的样子也非常吸引人。他们和我一样非常重视享受生命的精彩，喜欢分享所经历的紧张刺激的生活。他们比我更加不喜欢顺从别人的意思。

**反感的地方：**他们会以极端的方式发泄极端情绪，这让我想夺路而逃。他们太多愁善感，经常会表现出抑郁消沉的一面，无法与我共同享乐。他们还想用那不理智的情绪来控制我的想法。

### 7号人眼中的5号人

**喜欢的地方：**他们智慧过人，能想到很多我无法注意到的事情。他们从来不依赖别人，对自己的能力非常自信，对我也不会有过多的要求。他们的知识非常丰富，经常让我受益匪浅。我最羡慕他们每次都能以非凡的专注力来做事。

**反感的地方：**他们批评我经常把精力浪费在一些肤浅的事情上。他们不喜欢冒险，对刺激的事情毫无兴趣。他们不喜欢社交活动，总是一个人独处，跟我截然相反。他们理智过头，缺乏激情，跟大家有明显的隔膜。

### 7号人眼中的6号人

**喜欢的地方：**我最佩服他们做事沉稳、小心谨慎，不像我那么粗心大意。他们非常喜欢我分享的快乐体验，对我的事情表现得十分好奇。他们遵守信用、高度忠诚，对家庭、朋友和工作都很有责任心，免去了我的后顾之忧。

反感的地方：他们总是幻想着各种可能出现的问题，喜欢放大消极的一面，却又不肯去主动解决，这让我感到头疼。他们遇到压力的时候会变得很容易出口伤人。他们总是批评我太任性，对我要求太严格。

### 7号人眼中的8号人

喜欢的地方：他们做事爽快，直言不讳，从不前怕狼后怕虎。当我受到不公正待遇时，他们会站出来为我两肋插刀。他们和我一样敢于挑战权威。他们非常独立，也能尊重我的自由与私人空间。

反感的地方：他们的措辞往往很强硬，总是命令我听从他们的指挥。他们发怒的样子很吓人，让我恨不得马上逃离。他们刚愎自用，总是凭自己的判断做决定，完全不听人劝。他们总是尝试支配我，剥夺我最爱的自由。

### 7号人眼中的9号人

喜欢的地方：他们非常随和，不会让我感到紧张。他们和我一样热爱自由，而且不会以某种形式拘束我。他们比我更加不喜欢冲突和对抗。我不守规矩时，他们也不会对此横加指责。他们喜欢倾听我讲的各种故事。

反感的地方：他们的态度总是左右摇摆，我很难搞清楚他们真正的想法，跟他们讨论事情时往往迟迟做不了决定。他们外表温和，内心却执拗无比。他们跟我一样说到的事未必能做到。他们的工作效率低得令人发指。

# 第九章
## 8号——"我强故我在"的挑战者

　　他们是你身边气场最强势的人。"我命由我不由天"是他们的信条。主宰自己命运的决心,战胜一切困难的胆识,在他们的身上展现得淋漓尽致。他们霸气外露,斗志昂扬,崇尚力量,不惧斗争,不断披荆斩棘,毕生都在开创自己的一片天地。其他类型的人往往会被他们的豪情壮志感染,被他们的刚强不屈所激励。

　　他们爱憎分明,直爽豪迈,喜欢与强者竞争,信奉"弱肉强食,适者生存"的法则,却又爱替弱小者伸张正义、打抱不平。他们不喜欢被别人领导,而倾向于领导他人。处于下位时会挑战现有格局,处于高位时则希望一切在自己的掌控之下。无论何时何地都试图树立不可动摇的个人权威。

　　他们就是8号人格者,又称挑战者、保护者。

# 如何识别8号人格者

阅前思考：8号人格者的肢体语言有哪些特点？

如何识别8号人格者？具体识别信号及内容见下表。

| 识别信号 | 特　点 |
|---|---|
| 价值观 | 希望以钢铁般的意志与强大的力量战胜困难，战胜对手，战胜环境，扼住命运的咽喉。掌握更多的权力与实力，成为自己"地盘"的保护者，力求支配外部世界。控制那些自己想要的事物和对自己生活有影响的人。公开表达自己的愤怒，替弱者打抱不平。过度做某事以克服厌倦心理。以敌我分明的思维方式来对待世界。希望世界能按照自己心中的想法来运作。 |
| 性格关键词 | 自信满满、刚毅果决、坚强不屈、专横跋扈、控制欲强、喜欢支配、醉心权力、领导风范、豪爽霸气、争强好斗。 |
| 关注点 | 一切与获得更多权力有关的事情，能让自己变得更加强大的人、事、方法。 |
| 着装风格 | 喜欢庄重大气的打扮，不一定需要烦琐的装饰，但一定要合体且能展现硬朗的质感。 |

## 心理学格言

在8号人的字典里是没有"难"这个字的，他们相信：爱拼才会赢！

——裴宇晶

如果8号人作为一个团队的领导者，他们做事喜欢大刀阔斧，不喜欢拖泥带水。

——裴宇晶

8号人喜欢冒险创业，所以可能会大起大落。

——裴宇晶

（续表）

| 识别信号 | 特　点 |
|---|---|
| 说话方式 | 谈话内容往往以发布指示为核心，遣词造句多用命令口吻。声音洪亮，不拘小节，语气容易激动和急躁，喜欢直截了当，从不拖泥带水，喜欢直入主题，经常给人居高临下的感觉。<br><br>习惯用语有：我命令、我要求、我说了算、跟我走、就这样决定了、怕什么、听我的、少废话、我来负责、我告诉你啊、看我的、随我来、不许、不得、不准、还不快去、够义气、有魄力、有胆识、有血性等。 |
| 眼神表情 | 目光如炬，平时有一种比较温和的威严感，愤怒时会射出刀子般的眼神，令人畏惧三分。<br><br>表情不怒自威，容易生气，让人感到心惊胆战。也就是大家平时说的"样子有点凶"。 |
| 肢体语言 | 喜欢用手指挥别人，动作刚劲有力，充满豪迈果断的作风，举手投足别有一番气势，给人一种充满力量和自信的感觉。 |

## 8号人格者代表：富兰克林·德拉诺·罗斯福

富兰克林·德拉诺·罗斯福（1882—1945年）：史称"小罗斯福"，是美国第32任总统，美国历史上唯一连任超过两届（连任四届，病逝于第四届任期中）的总统，美国迄今为止在任时间最长的总统。在20世纪30年代美国经济大萧条期间，推行罗斯福新政复苏美国经济。第二次世界大战爆发后，成为同盟国阵营的重要领导人之一。后来被美国的权威期刊《大西洋月刊》评为影响美国的100位人物之第4名。

# 精神内核：战胜环境与对手，掌控自己的命运

> 阅前思考：8号人格者为什么痴迷于追求强大？

他们的童年过得并不顺利，往往遭遇了不公正的对待，并且被更强的人欺负时也未能得到保护。久而久之，他们开始认为这个世界危机四伏，唯一能靠得住的只有自己，只有不断变强才能改变处境。从此以后，他们把自己装进冰冷的铠甲中，不再以温柔的态度解决问题，而是凭实力较量说话。他们就是8号人格者——"我强故我在"的挑战者。

在成年以后，8号人格者会锻炼出坚韧不拔的钢铁意志，养成一眼就能看出来的领袖气质。他们从来不相信眼泪，也反感自怜自艾，更讨厌被困难压垮腰杆，发自内心地否定一切软弱的人和事。他们不愿承认个人能力的局限性，也不想被看作是无法承受痛苦的懦夫。

8号人格者充满了挑战精神，把自己定位为一位百折不挠的战斗英雄。迎难而上、勇往直前是他们的人生信条。他们不断地战胜对手，不断地冲破环境的束缚，借此展示自己的力量，证明自己的命运主宰在自己手中。他们克服恐惧的方式是直接与之开战，强迫自己去面对、征服心中

害怕的事物。

他们喜欢充满竞争的环境，也擅长利用自己拥有的一切优势来取得胜利。有趣的是，斗志昂扬的8号人格者经常会通过公平较量来与人打交道。假如取胜的话，自己的控制欲会得到满足；假如输掉的话，他们也会借此认识一个值得敬佩的对手，产生惺惺相惜之情与更大的进步动力。

8号人格者在追求力量与胜利的过程中，可能会变得比较以自我为中心。他们最害怕的事情是自己软弱无力和被别人支配。从某种意义上说，他们的一切行为都是为了保护自己的内心而奋起抗争。

一旦心里有了想法，8号人格者就会马上去行动，并为此投入大量精力。他们往往比较刚愎自用，固执地相信自己心中的真相就是客观上的真相，并排斥一切反对意见。他们会把注意力高度集中于对方的弱点，而忽略自身的弱点。由于崇尚斗争，他们往往持非黑即白的立场，希望模糊不清的灰色地带最好不存在，也不太会考虑以妥协的形式解决问题。在他们眼中，中立是一种软弱的表现，而摒弃一切软弱的因素是理所应当的。

无论是赢得挑战还是掌握命运都需要足够强大的能量，这使得8号人格者对权力的控制比其他性格类型的人更为迷恋。他们总是被能展现力量的东西所吸引。因为这能让最具公开攻击性的8号人格者以更强的力量和决心来面对冲突，也能帮他们压抑内心多愁善感的一面。

# 职场角色：杀伐果断的"天生领导者"

阅前思考：8号人格者为什么最喜欢做一把手？

在职场中，最不怕困难险阻的就是8号人格者，最喜欢开创常人不敢想的事业的还是8号人格者。其他性格类型的人要么顾虑风险，要么畏惧难度，要么觉得不靠谱，要么觉得没意义，不愿去做一些"伟大的壮举"。但8号人格者只要认定了目标，就会排除万难、披荆斩棘，不惜一切代价将其完成。这种无与伦比的魄力与胆识，让他们很容易成为组织中各层级的一把手。而他们也往往把成为团队中的领袖人物作为自己的奋斗目标。

8号人格者也许不如1号人格者的原则性那么强，不如2号人格者讨人喜欢，不如3号人格者善于表演，不如4号人格者那么有灵气，不像5号人格者擅长思考，不像6号人格者那么重视风险，不像7号人格者那么善于变通，不像9号人格者那么平易近人，但他们对宏伟目标锲而不舍的决心超过了其他所有的人格类型者。

在这种决心的驱使下，8号人格者会有意识地寻觅各种类型的人才，组建自己的团队，攻入充满竞争的市场或者开

### 心理学格言

一般状态下的8号人格者认为，只能有一个顶尖人物存在，那就是他自己。

——唐·理查德·里索

8号人格者觉得整个世界都该为他们而调整，所有人应团结一致助其完成目标。

——唐·理查德·里索

8号人格者很有可能变得自我中心，被自我的力量和宏伟计划冲昏了头。

——拉斯·赫德森

辟前景未明的新领域。他们自信果断，崇尚实力，知道怎样鼓舞大家奋力拼搏，也知道怎样凝聚人心，有着出色的组织管理能力。这些领导者必备的素质，在8号人格者身上表现得尤为突出。从这个意义上来说，他们天生就是能以威信服众的领导者。

尽管打拼事业的过程一波三折，但8号人格者本身的思维方式比较直来直去，甚至有好大喜功的倾向。他们崇拜古今的名人与伟人，不满足于小打小闹的胜利，而是希望在努力拼搏后取得举世瞩目的巨大成功。这会导致他们的人生像赌局一样大起大落。

他们会观察形势，等待时机，然后抓住机会全力一搏。无论过程怎样，只要他们不拿到想要的东西，不实现早已定好的目标，就不会善罢甘休。这种执着的精神也是其他性格类型所不具备的。假如8号人格者选择了正确的奋斗目标，有可能会名垂青史；若是选择了错误的奋斗目标，则很容易给人们带来灾难。

8号人格者喜欢掌权，做团队中的决策者，这样便于自己最大限度地掌控环境。所以，他们有着强烈的"地盘"意识，也非常重视保护小团体中所有部下的利益。尽管他们有时候作风霸道、刚愎自用，听不进不同意见，但实际上对"自己人"非常关爱，会尽心尽力地做大家的保护伞。

# 情感模式：我的一切由我做主

> 阅前思考：8号人格者在情感关系中的最大问题是什么？

别看8号人格者总是处在人群簇拥的环境中，实际上他们是比4号人格者更天然的孤独者。5号人格者表面上最形单影只，但他们内心并不孤独，与8号人格者恰恰相反。他们很难做别人的知心朋友和亲密爱人，一生可能只关注一个人，只保卫一块领域。对于8号人格者来说，友情与亲密关系是在两条线上交替发展的。双方需要不断地表明立场、交换观点，保持共同的目标和兴趣爱好后，彼此间的关系才能变得稳固。

在构建亲密关系的开始阶段，8号人格者会通过设立条件来保持自己的独立性。因为他们喜欢掌控主导权，准确地说是独自掌控主导权。随着与朋友的关系越来越亲密，他们会逐渐意识到自己不能完全凭个人想法主导一切，而开始征求对方的意见。他们素来以保护者自居，并不习惯自己被别人的情绪影响，更不希望自己对对方产生依赖性。但关系亲密者的意见对他们越来越有用，他们不得不认真考虑这些内容。

随着时间的推移，8号人格者会逐渐放下自己的心防，强硬作风也逐渐变得温柔起来。但在彻底解除心防之前，他们会为了保障安全感而力求让自己成为双边关系的主导者。

具体而言，他们想要知道关于对方的一切，以至于成为控制欲极为强烈的监控者。他们骄傲的内心不愿意承认自己已经离不开对方，无法面对自己对对方产生了极强的依赖性。为此，他们会以各种方式来宣示自己对情感关系的主导权，继续把自己塑造成对方的保护者。

耐人寻味的是，8号人格者希望自己成为感情的主宰者，但对方拒绝他们的这种控制的时候，他们又会觉得对方更有魅力，不愧是自己看中的人。之所以出现这种矛盾心态，是因为天生渴望权力的8号人格者一方面是希望能预测关系亲密者的行为，让对方觉得自己是可以信赖的保护伞；另一方面又看不起那种轻言放弃的软弱者。有骨气的人最令他们敬佩，只要不是处于敌对的立场，他们就希望与之建立亲密感情。

从这个意义上说，8号人格者处理感情的基本方式始终围绕着权力变化。内心孤独的他们在保护对方的同时，也在考验着对方的可信赖度。如果对方经受住了考验，懂得坚持立场来反击不合理的控制，懂得公平地使用权力，8号人格者就会像信任自己一样信任他们，从而逐渐交出对情感关系的控制权。

到了这个阶段，8号人格者与一般人相处时，会觉得自己是不被理解的孤独者，但与关系亲密者相处时，会把对方当成自己的一部分，并对其深信不疑，完全依赖。

# 与8号人格者互动的小窍门

阅前思考：8号人格者最反感什么样的沟通方式？

8号人格者最讨厌的事情是别人阻挡他们前进的道路。一旦出现这种情况，他们会用尽浑身解数来排除障碍。他们豪迈爽朗，大大咧咧，不拘小节，讨厌那些软弱无能、小家子气、欺软怕硬、胡作非为的人。他们对弱小者与"自己人"有很强的保护欲和控制欲，对强大者又有浓厚的挑战欲。如果想要跟8号人格者搞好关系，就得让他们承认你有成为"自己人"的资格，至少也得是他们可以信赖的盟友。因此，千万不要站在他们的对立面。

**能赢得8号人格者好感的举动**

◎尊重他们的权威，让他们感觉自己依然是局面的掌控者。

◎与他们交谈时保持高度的热情，同时注意态度要不卑不亢、光明磊落、落落大方，绝不能拖泥带水、优柔寡断。

◎能开诚布公地说亮话，而不是拐弯抹角地表达自己的观点。

◎称赞他们的强劲实力、英雄气概以及铁肩担道义的正

**心理学格言**

只要找到一个值得谴责的明确对象，8号就通过合法渠道获得了控制权，把自己塑造成了正义的象征。

——海伦·帕尔默

外在的威胁会点燃8号人格者心中的怒火，怒火能让他们产生一种强有力的感觉。

——海伦·帕尔默

义感。

◎尊重他们的隐私，承诺为他们不愿意透露给别人的信息进行保密。

◎接受他们据理力争的沟通方式，耐心地与之谈判。

◎向他们展示出自己的自信，特别是要表达出不怕牺牲的觉悟和决心。

**会惹怒8号人格者的行为**

◎虚张声势或拐弯抹角的表达方式。

◎敢于跟他们据理力争，但若只批评而给不出有用的建议，他们会因此觉得你只是个空谈家。

◎投机取巧，耍阴谋手段，而不是凭借实力进行光明正大的较量。

◎忤逆他们的意图，对抗他们的权威。

◎试图夺取他们的权力与地位。

◎狐假虎威，欺凌弱小，横行霸道。

# 8号人格者眼中的其他人

阅前思考：8号人格者希望能从3号人格者那里学到什么?

## 8号人眼中的1号人

**喜欢的地方：**他们做事很懂规矩，不会在背后搞小动作，认真务实，责任心强，头脑理智而富有逻辑性，说话条理分明，办事抓纲带目、干净利落。他们有着坚定的信仰和远大的目标，致力于改变世界不好的地方。

**反感的地方：**他们总是抱着规则不放，一点都不懂变通的重要性。他们非常固执地要求我按照他们的意见来做，而我最讨厌别人命令我。他们总是顾虑别人的批评意见，让自己束手束脚。他们总是批评我的大胆言行不合规范。

## 8号人眼中的2号人

**喜欢的地方：**他们很有爱心，喜欢帮助弱势群体。他们对别人的心情感同身受，能温柔体贴地对待别人，这正是我最欠缺的地方。我很钦佩他们为家人和朋友做出牺牲的奉献精神，而他们也很感激我对他们的保护。

**反感的地方：**他们为了让别人喜欢自己，会虚伪地屈己从人。他们经常搞不清立场，为了帮助外人而损坏自己人的利益。他们的感情脆弱，和我熟悉以后会保持一定的距离，有时候会把自己打扮成一副受害者的样子。

### 8号人眼中的3号人

喜欢的地方：他们工作积极且效率很高，我只需要给个方向，他们就能把剩下的一切都打理妥当。他们和我一样对生活非常乐观，哪怕身处低谷也能很快走出挫折，更加干劲十足地去奋斗。

反感的地方：他们城府很深，为了讨好每一个人会假扮成一副完美的形象，而不直接向别人表达自己的真实想法。他们和我一样只注重目标而不在意过程，从而导致一些本来可以避免的问题发生。他们做人不够坦荡，生活也过于紧张。

### 8号人眼中的4号人

喜欢的地方：他们情感丰富，也从不掩饰自己的情感，还懂得欣赏我的豪情，有着和我一样的叛逆精神。他们开心的时候非常有诱惑力，拥有一颗童真之心，愿意和我一起去冒险，在刺激中寻找快感。

反感的地方：他们会挑战我的权威，不听号令，我行我素。他们总是对我提出不加掩饰的批评。他们总是沉迷在自己的情感世界中，想法不切实际，做事很飘忽，我无法掌控他们。他们经常会做一些伤害自己的蠢事。

### 8号人眼中的5号人

喜欢的地方：他们非常聪明，头脑很灵活，富有远见卓识，常能从宏观战略的角度看问题。他们能理智地看待一切事物，不被私人感情所左右。他们欣赏我的果敢和行动力，和我一样独立自主，并且理解我对权力的需求。

反感的地方：他们总觉得我太粗俗鲁莽，不够明智。他们是思想的巨人，行动的矮子。我无法忍受他们缺乏情感的冷淡态度，也不喜欢他们封闭自己内心，拒人于千里之外的样子。

### 8号人眼中的6号人

喜欢的地方：他们信任我的时候，会感激我对他们的支持和庇护，会忠于我的权威，愿意为我奉献一切。他们能用幽默感来让我开心，还会经常提醒我忽略了哪些容易引起麻烦的问题。他们认真谨慎，一诺千金，值得信赖。

反感的地方：他们会过多揣测我的内心，还经常庸人自扰。他们害怕冒险，不敢尝试新事物和新方法。他们的自信心不足，总是低估自己的能力。他们总是向我寻求保护，我不喜欢这种懦夫。

### 8号人眼中的7号人

喜欢的地方：他们能以轻松诙谐的方式来表达自己的看法，喜欢冒险和尝试新事物，喜欢分享自己的丰富经历，让我感到十分有趣。他们机智灵活，在工作中往往能冒出一些令人叫绝的好点子。

反感的地方：他们总是为自己的错误找借口，当我生气的时候，他们总是逃之夭夭。他们心浮气躁，办事不太靠谱，经常虎头蛇尾。他们会挑战我的权威，并且企图诱导我加入他们的计划。

### 8号人眼中的9号人

喜欢的地方：他们包容大度，从不对小事斤斤计较，很容易相处。他们非常尊重我，十分钦佩我积极主动的性格与敢于冒险的魄力，并且从不挑战我的权威。当我情绪不好时，他们总能帮我很快恢复冷静。

反感的地方：无论我的言辞多么激烈，他们都是以冷战的态度回应，不会跟我坦率交流。他们太过被动，遇到事情总是等到火烧眉毛才去行动，如果完不成就逃避现实。他们固执起来让人烦恼，打太极的含糊态度令人着急。

# 第十章
## 9号——"我安故我在"的和平缔造者

　　他们是你身边最与世无争的人。从容淡定、温和友善、慢条斯理、悠闲泰然是他们在大家眼中的主要形象。当别人都争先恐后地追逐潮流时，他们总是不紧不慢地按照自己的节奏走。他们不以物喜，不以己悲，没什么雄心壮志，践行着顺其自然的人生哲学。他们大肚能容天下事，能包容与自己极端相反的人和事。你很难用物质诱惑或精神激励来改变他们的既定步调。

　　这是一群不善于拒绝的老好人，往往满足于现状而不希望发生变化与纷争。他们善于平复大家的负面情绪，为别人提供支持，并且努力调和各方矛盾，让群体关系变得更为融洽。从他们身上，你会感受到一种其他人格类型的人所没有的安逸和宁静。

　　他们就是9号人格者，又称和平缔造者、调停者。

# 如何识别9号人格者

阅前思考：9号人格者的注意力通常放在哪些方面？

如何识别9号人格者？具体识别信号及内容见下表。

**心理学格言**

9号人的自我麻醉方式可谓五花八门。

——裴宇晶

9号人是典型的好好先生，很少发火，他们看起来总是很和气，习惯于迁就他人。

——裴宇晶

其实9号人心中也有坚定的想法，只是他们不愿意表达和面对。

——裴宇晶

| 识别信号 | 特　点 |
| --- | --- |
| 价值观 | 希望自己能在和谐融洽的氛围中平静安宁地过着舒适的小日子，极力避免卷入各种形式的冲突中，对疑难问题能拖就拖。用不必要的琐碎事务来代替真正需要的东西，把最重要的事情放在最后的期限来处理。喜欢根据习惯和传统来按部就班地运作，不想花费太多精力去考虑复杂的事情。极力压抑内心的怒火，保持和蔼可亲的形象。善意感知对方的内心需要，但缺乏自我意识，不善于拒绝他人的要求。 |
| 性格关键词 | 祥和、平静、淡然、镇定、平易近人、包容大度、散漫懈怠、悠然自得、豁达乐天、温柔体贴、与世无争。 |
| 关注点 | 周边的气氛、环境的变化、需要避开的冲突、大家的意见、避免成为焦点。 |
| 着装风格 | 喜欢宽大而舒适的服装，那样会让自己感觉更加轻松和安逸。不喜欢可能让自己成为人们关注焦点的时尚衣装，也不喜欢太扎眼的色调。只要朴实自然，得体大方，让自己在人海中毫不起眼就行了。 |

（续表）

| 识别信号 | 特　点 |
|---|---|
| 说话方式 | 讨论内容往往是由对方决定的，自己更多是附和对方的意见。语速慢条斯理，语气平和舒缓，语调比较懒散，表达有点拖泥带水的。能不发表意见就不发表意见，也不喜欢明确表达立场，而是以模棱两可的措辞来和稀泥。<br>习惯用语有：随便、知道了、不清楚、等一下、再说吧、无所谓、听你的、由你决定、挺好的、都可以、都不错等。 |
| 眼神表情 | 目光柔和而淡然，带有几分与世无争的慵懒，仿佛没睡醒的样子，不会给人带来半点压力。<br>表情憨厚，略微木讷，经常会露出善意的微笑，像弥勒佛一样一团和气，你都想象不到他们发怒时会变成什么样子。 |
| 肢体语言 | 动作柔软无力，太过温柔。有时候会在说话时附带一些手势，但不会给人果断有力的感觉。 |

## 9号人格者代表名人：卡尔·古斯塔夫·荣格

卡尔·古斯塔夫·荣格（1875—1961年）：瑞士心理学家。1907年开始与弗洛伊德合作，发展及推广精神分析学说长达6年之久，之后与弗洛伊德理念不和，分道扬镳，创立了荣格人格分析心理学理论，提出"情结"的概念，把人格分为内倾和外倾两种，主张把人格分为意识、个人无意识和集体无意识三层。曾任国际心理分析学会会长、国际心理治疗协会主席等，创立了荣格心理学学院。他的精神分析学说对心理学研究产生了深远影响。

## 精神内核：保持内心的安宁，避开冲突的环境

阅前思考：9号人格者为什么很难选择立场？

他们小时候因为表明了自己的观点而遭到父母长辈的怒斥或冷落，即使自己表达了愤怒之情也被彻底无视。这使得他们很早就开始认为别人不会听自己的意见，自己的想法根本不重要，所以他们会忘掉自我，只有这样才能融入环境，维持和睦融洽的氛围。他们就是9号人格者——"我安故我在"的和平缔造者。

由于童年经历的缘故，9号人格者在成年后会变得非常在意"和平"。他们曾经被冲突双方夹在中间，饱尝左右为难之苦。在他们看来，世界并不是非黑即白的，每个人的观点都存在有用的一面，所以没必要针锋相对。而自己的发言根本没人重视，说了也是白说，所以没有表达的必要。

他们的注意力总是聚焦于是不是应该认同别人的观点，而并不会很认真地思考自己的立场。选择站在哪一边对9号人格者来说是一件困难的事。他们害怕自己表明立场后会让别人失望，从而导致关系疏远。与此同时，他们也怕过于顺从对方的意见而被对方控制。

**心理学格言**

当9号人来到这个世界上，认为和谐是最重要的。

——裴宇晶

9号人格者追求自律和独立，他们渴望有自由和空间去走自己想走的路。

——唐·理查德·里索

这种心态使得9号人格者喜欢忘掉自我，忽略自己想要的东西，把注意力和能量从真正的需要转移到别的地方。归根结底还是为了避开冲突环境，让自己的内心保持宁静与充实。

9号人格者善于倾听别人的心声，也对别人的需要有着敏锐的判断，偏偏对自己最不上心。

他们忘掉了自我，内心往往进入沉睡状态，只是凭着工作的本能来自动作业。当你看到他们在无休止地"努力"工作时，他们也许跟梦游没什么两样。9号人格者最喜欢按部就班，不需要花费多余的脑筋去深思熟虑，也不需要去面对种种矛盾和变数，更不需要对此做出取舍和选择。

9号人格者喜欢得到更多东西，而不愿失去任何东西。他们会像收藏家一样囤积自己感兴趣的事物，以此来充实自己的空闲生活。这也是他们保持内心安宁的一种办法，以便阻止自己去考虑那些真正该做却又过程艰巨的重要事情。

他们并不是永远没有愤怒情绪，只是不爱冲人发火而已。因为那样意味着明确立场，主动卷入冲突当中，破坏脆弱的融洽氛围。于是9号人格者主动让自己的愤怒陷入沉睡状态，从而把身心中多余的能量消耗在那些不太重要的领域。这也是他们喜欢收藏和堆积琐碎事物的主要原因。

尽管9号人格者善于压抑怒火，但他们也并不会彻底放弃被动的反抗行为。他们会对其他人的意见充耳不闻，态度十分顽固，并且不按对方意愿去做。想要发火的时候，他们的内心依然会不断挣扎，顾虑这样那样的后果。因为最初的时候，忘掉自我的9号人格者会默认别人的意见是对的，直到确信对方错误而自己的观点正确，确信自己获得了充分的生气理由后才会真正爆发怒火。

9号人格者身上存在一个非常微妙的矛盾。他们既是最不愿意选择鲜明立场的人，又是九型人格中最顽固的类型，甚至比原则性最强的1号人格者更加顽固。他们最开始会顽固地不做选择，一旦确定了某种立场就会一条道儿走到黑。所以，他们心中的最佳状态是保持中立，调和冲突各方的关系，而不是彻底成为某一方的支持者。

# 职场角色：与世无争的"润滑剂"

阅前思考：9号人格者注定是职场中最平庸无奇的人吗？

在所有性格类型中，9号人格者是个性最不突出的一群人，甚至经常被大家当成没脾气的凡夫俗子。

他们没有1号人格者的坚定立场，没有2号人格者的热情慷慨，没有3号人格者出人头地的抱负，没有4号人格者丰富细腻的感情，没有5号人格者的专注力，没有6号人格者的言出必行，没有7号人格者的冒险精神，没有8号人格者的领袖气质。乍看之下他们非常平庸，无论从事哪种职业，都会变成该职业中最常见的"凡人"形象。从某种意义上讲，各行各业的从业人员大多都是9号人格者这种社会大机器中随处可见的千篇一律的零件。

9号人格者之所以给人们留下这种印象，并不一定是本身缺乏才能，更多是由于他们过分追求安定，主动消除了自己的锋芒，掩盖了自己的本色所致。如果不这样做的话，他们就会卷入激烈的竞争，要面对许多复杂而痛苦的抉择。而这些东西必然会打破自己心中的和谐与安宁，这恰恰是9号人格者不希望看到的。

**心理学格言**

只要9号人格者把他人理想化，就会贬低自己，把自认为不可能拥有的所有美好特质全都投射到了理想化的他人身上。

——唐·理查德·里索

9号人格者已经在自身精神世界建立了一种平衡，一种和平、满意的感受，他们不想与世界或他人发生互动，这样会干扰到他们。

——唐·理查德·里索

在这个动机的驱使下，9号人格者会努力远离人们关注的焦点，始终保持低调，主动隐身于普罗大众之中，巴不得自己丢到人群里就找不到。因此，你很难真正弄清他们有多少能力和潜力，只能看到他们故意展示的平凡的一面。

纵观整个职场，脾气最好且让大家最安心的人最有可能是9号人格者。他们从不旗帜鲜明地表达观点，选择立场，也极少与别人争辩是非对错（尽管内心未必赞同）。虽然不像2号、3号、7号人格者那么热衷社交，但并不热情开朗的他们却有一种润物细无声的亲和力，能让你放下戒心与敌意。

通常而言，9号人格者的拖延症比较严重，办事效率不太高，工作表现中规中矩。但他们同样有其他人格类型者所缺乏的特长，一旦被充分利用就会释放出他们自己都无法隐藏的光彩。

9号人格者的内心世界和4号、5号人格者一样丰富，并且也和1号人格者一样想把理想世界与现实世界联系在一起。他们不仅善于倾听，也乐于分享自己的心得与经验。他们有着超乎寻常的耐心与细致，又非常尊重被指导者，堪称最好的老师。

此外，9号人格者擅长把不同的观点整合在一起，寻找各方的最大共识。追求融洽氛围的人生哲学更是令他们成为最优秀的矛盾调解员。所以，9号人格者又被称为和平缔造者。团队里各种分歧意见会在他们的整合下达成一致，各种冲突矛盾会被他们很好地调节。9号人格者喜欢共赢，不会对其他人产生任何威胁，堪称团队组织中最有效的"润滑剂"和"黏合剂"。

# 情感模式：厌恶冲突，把对方放在第一位

> 阅前思考：9号人格者在情感关系中的最大问题是什么？

假如你想要一个无怨无悔，永远关心你、体谅你的伴侣，没有谁比9号人格者更能胜任这个角色了。

温柔善良的他们是最好的倾听者，能把注意力高度集中在关系亲密者身上。最令人惊喜的是，9号人格者有着与迟钝外表不相称的极其敏锐的共情能力，可以轻而易举地深入谈话对象的内心，点明对方的真实感受，很容易让对方产生知己的感觉。最重要的是，当9号人格者真正喜欢一个人的时候，会渴望与对方全方面的融合，全面彻底地了解关系亲密者只是他们眼中的基本工作而已。

不同于2号人格者与8号人格者的控制欲，9号人格者追求完全融合的情感关系并非为了操纵对方。恰恰相反，他们会给对方最多的自由选择权，将情感关系的主导权完全献给对方。这也意味着，9号人格者完全把对方放在第一位，以他人的心为自己的心。假如所托非人，全身心奉献给对方的他们会比其他人更加懊恼和悔恨。

9号人格者在体察对方心情方面可谓行家里手，偏偏对

自己的真实感受一脸茫然。因为他们会把理想伴侣的感觉当成自己的感觉，把对方变成自己的生活动力。抛开这个灯塔的话，习惯忘记自己需求的他们就会顿时失去航向，也不清楚自己到底想要什么。

在这种心态的驱使下，9号人格者往往能让情感关系维持很久。即便他们实际上对对方已经毫无感觉，也会按照惯性去维持这种关系，即便这并非他们真心希望的选择。说到底，9号人格者非常不习惯面对真实的自己，如果没有用全心全意地为他人着想来掩盖这点的话，他们就会清楚地感受到自己内心深处的空虚和麻木。

从积极的角度看，9号人格者在情感关系中总能想人之所想，急人之所急，坚定地为对方排忧解难，并且给予对方最大的尊重和自由空间。这对很多人来说是一种最舒服的相处方式，也是最容易摆脱对方的相处方式。所以很多人会觉得9号人格者这种无私奉献的情操傻得可爱。

但事实上，9号人格者同样希望别人能注意到自己的心声，帮自己找到最合适的定位。他们期盼与对方完全融合，但内心深处又隐藏着能够保持独立自主并拒绝他人要求的强烈愿望。他们往往会用外在的顺从来掩饰内在的反抗，回避完全的承诺，不愿直接做出最终的表态。因为他们一直在扪心自问："我的选择是正确的吗？"

这令他们一方面会对关系亲密者极尽体贴，另一方面又不肯表态完全地占有对方，显得扭捏迟钝。不过，只要他们确定了内心真实的想法，下定了决心，就会以九型人格中最顽固者的姿态来忘我地经营这段天长地久的感情。

# 与9号人格者互动的小窍门

阅前思考：9号人格者最反感什么样的沟通方式？

9号人格者可以说是最好打交道的类型。他们非常注意照顾对方的感受，能像水一样善于根据对方的情况调整自己的姿态，用对方感到最舒服的方式和最安全的距离进行交流。只有当对方在言行上太过分时，他们才会有一些含蓄而顽固的反抗行为。而在其他情况下，9号人格者的包容力与亲和力都是最好的。总体来说，跟他们互动的压力最小也最省心。不过，要真正讨得他们欢心的难度稍微大一些。因为你如果本身不是9号人格者的话，很难像他们那么善于照顾对方的感受。

**能赢得9号人格者好感的举动**

◎称赞他们的豁达心胸、超乎寻常的耐心以及真诚友善的态度。

◎像他们替你着想一样考虑他们的感受和需要。

◎宽容他们的懒散、迟钝、喜欢和稀泥、态度含糊等缺点。

◎把他们当朋友来尊重，而不是一味利用他们的善良。

◎不光是将其作为最佳倾听者，也愿意耐心倾听他们平时隐忍不言的苦恼。

◎在他们需要的时候陪伴在旁，一起迎接风雨或者享受悠闲时光。

◎帮助他们完成一件超越自我的事情，尤其是他们兴趣浓厚却又缺乏获胜信心的事情。

**会惹怒9号人格者的行为**

◎把他们置于快节奏、高压力的工作、生活环境中。

◎对他们采取严厉的高压政策，逼着他们做自己厌恶的事情。

◎太过自私自利，完全不顾他们的感受和能力范围。

◎利用他们的善心，以卑鄙的手段谋取私利。

◎蔑视、讥讽他们的家人和朋友，他们不太在乎别人怎么看自己，但会非常讨厌对方羞辱自己亲近和信任的人。

# 9号人格者眼中的其他人

（阅前思考：9号人格者跟谁相处时压力最大？）

### 9号人眼中的1号人

**喜欢的地方：**他们能帮我理清思绪，给我提很多可行的好建议，让我的生活更有条理。他们立场坚定，做事效率极高且精益求精，言必信，行必果，责任心很强，这是我最需要改善的地方。

**反感的地方：**他们总是很紧张，经常会担心一些琐碎的小问题，不懂得放松自己。他们总是想鞭策我做得更好，让我感到不堪重负。当我没能达到期望的水平时，他们会变得很恼火，对我进行批评和指责。

### 9号人眼中的2号人

**喜欢的地方：**他们充满爱心，热情活泼，懂得怎样照顾人，也清楚我的需求，让我感到很温暖、快乐。他们做事很主动，会鼓励、支持我发扬自己的优点，让我感到自己被重视和被需要。

**反感的地方：**当我没能满足他们的期待时，他们的情绪会变得不好，然后进一步要求我去做他们想让我做的事情。

---

**心理学格言**

9号人格者习惯于通过间接的方式表达愤怒。

——海伦·帕尔默

9号人格者的抑郁来自无所事事。

——海伦·帕尔默

9号人格者清楚的是他们不想要什么，而不是他们想要什么。

——海伦·帕尔默

在形势明朗、行动明确的环境中，9号人格者可以成为很好的领导者。

——海伦·帕尔默

他们过度索取我对他们的关注，在感觉到被忽略或麻烦时会收回自己的爱，甚至牺牲我来成全他人。

### 9号人眼中的3号人

**喜欢的地方**：他们非常有闯劲，积极主动，力争上游，给人一种勇猛精进的活力。他们能为我树立一个清晰的目标，让我摆脱迷茫和彷徨。他们很自信、乐观，擅长人际交往，能带动我的热情。

**反感的地方**：他们总是显得十分忙碌，给人一种压力沉重的感觉。哪怕和我在一起的时候，他们也很少能放松下来享受生活。他们个性张扬，为人自负，总是批评我太散漫被动。他们为了达到目标，有时候会放弃很多人情味。

### 9号人眼中的4号人

**喜欢的地方**：他们愿意向我分享自己丰富而独特的感情世界，我能听到很多充满灵性的独到见解。他们温柔而浪漫，善于发现和欣赏生活中各种美好的东西。

**反感的地方**：我不喜欢他们身上偶尔出现的消沉与自卑情绪，也看不惯他们总是在意已经失去的，却不懂得珍惜手中拥有的东西。他们企图用自己的情感来干扰我的生活。他们喜欢大起大落的戏剧化人生，让喜欢安稳的我感到很不适应。他们总是觉得我缺少情趣。

### 9号人眼中的5号人

**喜欢的地方**：他们能认真听我的发言，然后给我一个明确而中肯的意见。他们非常睿智，才华出众，给人一种冷静而深沉的印象。他们不会对我提太多要求，也不会给我过分的压力，喜欢和我一起静静享受安宁的时光。

**反感的地方**：他们内心孤傲，有时候会得罪人。他们时常对我的判断百般挑剔，喜欢把自己的主观意见强加在我头上。他们性情十分冷淡，不太容易相处。他们在工作中也非常被动，让被动的我有时也不得不行动起来。

### 9号人眼中的6号人

**喜欢的地方**：他们踏实肯干，重诺守信，凡事三思而后行，必定做足周密的准备，在问题发生后也能淡定地处置危机，堪称忠实可靠之人。他们能为我指出很多应该规避的风险，也欣赏我淡定平和的心态。

**反感的地方：** 他们对我能在各种情况下保持心态平和充满了疑惑和困扰，总是反复问我同样的问题，希望我次次都耐心地回答，以表示对他们的肯定。这种小题大做的行为让他们很容易变得情绪暴躁，也会让我感到困扰。

### 9号人眼中的7号人

**喜欢的地方：** 他们对很多事情充满了好奇心，做事积极主动，对冒险充满了热情，也乐于向我分享他们在冒险过程中遇到的种种趣事。我最佩服的还是他们心怀梦想并能为实现梦想而大胆行动的勇气。

**反感的地方：** 他们变化无常，前一秒和后一秒的想法相差很多，我很难跟上他们跳跃的节奏。他们反而嫌我太迟钝，压力大的时候就玩突然消失。他们总是以自我为中心，不顾我和其他人的感受，缺少责任感。

### 9号人眼中的8号人

**喜欢的地方：** 他们实力强劲，作风果敢，主动热情，有着令人赞叹的行动力，给人一种充满力量的感觉。他们还会主动保护弱小，支持别人表达不满，还替他们做出很多困难的决定。

**反感的地方：** 他们会愤怒地指责我的不足，毫不顾及我的感受。他们做事很粗鲁，不考虑后果，有时候还会误伤无辜。他们觉得我太懦弱，从而忽略我的存在。他们总想控制我，剥夺我的自由与安宁，这让我感到很为难。

# 第十一章
## 1号——"我对故我在"的完美主义者

他们是你身边最一丝不苟的人。"精益求精"与"严格自律"是他们为人处世的基本态度。无论做什么事，他们都会比其他人更加关注细节问题，甚至有时候会达到吹毛求疵的地步。他们普遍恪守着某种道德规范或者社会秩序，几十年如一日，堪称标准的"卫道士"。他们比任何类型的人都计较是非曲直，力求做到公正理性、铁面无私。

他们对世界存在着这样那样的不满，骨子里有着让世界变得更完善的强烈愿望。在周围人看来，他们严厉、苛刻、不讲情面、固执死板。但大家又不得不感慨这一类人不向残酷现实低头的高远情怀，敬佩其长期坚持原则并恪守底线不动摇的坚韧意志。

他们就是1号人格者，又称完美主义者、改革者。

# 如何识别1号人格者

阅前思考：1号人格者的思想价值观有哪些特点？

如何识别1号人格者？具体识别信号及内容见下表。

| 识别信号 | 特　点 |
| --- | --- |
| 价值观 | 心中有某种坚定的信仰，喜欢以自己眼中的正确标准来看问题。期望自己成为一个不断进步的恪守正道的人。对那些不符合标准的东西无法视而不见。只要没把事情做完美就会很自责，非常在意别人的批评意见，同时会反复比较谁的观点更正确。非常害怕做错事，于是反复检查细节，做决定时犹豫不决。哪怕表现得再出色，心里还是会惦记着某个理论上可以做得更完美的细节。 |
| 性格关键词 | 坚持原则、公事公办、一丝不苟、纪律严明、理性客观、好为人师、求全责备、吹毛求疵。 |
| 关注点 | 什么是正确的事？什么地方有错误？还有哪些改进的余地？如何亡羊补牢？怎样才能避免错误？ |
| 着装风格 | 干净整齐，扮相正统，不喜欢花里胡哨的东西，看起来有种老成稳重的感觉，尤其喜欢让人看来炯炯有神的制服。穿戴风格一成不变，非常在意自己的造型是否得体。 |

（续表）

| 识别信号 | 特　点 |
|---|---|
| 说话方式 | 讨论问题时通常会以判断某事是否正确为核心内容。无论语气是否委婉，都会坦率地直接指明问题所在。陈述见解时简明扼要，绝不模棱两可，能让人迅速意识到问题的关键，有种刀砍斧剁、化繁为简的明晰感。喜欢批评或谏言，遣词造句往往有一针见血的杀伤力。在跟人说教的时候语速会变快。<br><br>习惯用语有：应该、不应该、正确、错误、必须、否则、规则、秩序、纪律、标准、立场、程序等。 |
| 眼神表情 | 眼神中有一种坚定不移的气质，极少会有游离涣散的情况。看人时的眼神直勾勾的，如同用镜子一般审视着对方的言谈举止。目光清澈，略微冰冷，锐利如剑，但不凶狠阴鸷。<br><br>表情通常很严肃，不苟言笑，看起来非常冷静，没有多余的感情色彩，一副正气凛然的样子。有时候让人感觉有点不好接近。 |
| 肢体语言 | 姿势端正，腰背挺直，动作果断利落，步态刚健，有军人之风。能够长时间保持一个姿势，不喜欢表现出自由散漫、吊儿郎当的样子。不喜欢与人有太多的身体接触。 |

## 1号人格表代表名人：包拯

包拯（999—1062年）：北宋名臣，因曾任天章阁待制、龙图阁直学士，故世称"包待制""包龙图"。又因谥号"孝肃"而被后世称为"包孝肃"。他廉洁公正、不附权贵、铁面无私、善于断案，敢于替百姓申不平，故有"包青天"及"包公"之名，当时京师有"关节不到，有阎罗包老"之语。后世将他奉为神明崇拜，认为他是文曲星转世。由于民间传其黑面形象，亦被称为"黑面包公"。

# 精神内核：让世界上的一切变得更完美

> 阅前思考：为什么说1号的人格特质中包含了人性中最高尚和最令人讨厌的成分？

　　他们在童年时被寄予过高的期望，遭受了严厉的管教，稍微犯点小错就被父母长辈训斥。为了远离惩罚，他们强迫自己做好每一个细节。同时又注意到了家庭秩序的不合理、不公正因素，为此，他们试图超越家庭的条条框框，制定一套更加严格的思想行为规范。他们就是1号人格者——"我对故我在"的完美主义者。

　　从小到大，1号人格者的情感与本能冲动都受到了惩罚性力量的压抑。他们最初被环境要求做完美的人，久而久之，在自己身上创造了一种冷酷无情的超我机制，鞭策自己向着更高的境界前进。其他性格类型的人在犯下严重错误后才开始感到自责，1号人格者则不然，其内心深处的强烈自责心理一直如影随形。他们内在的监控机制监督着自己的所作所为，令其致力于同自身的点做斗争。

　　他们能敏锐地察觉到现实中的各种不公正和不完美，也对自身的缺陷心知肚明。强大的内心批判力量驱使着1号人格者致力于去做"正确的事"，以便将现实中扭曲的东西导回正轨。他们很少在意自己做事时是否快乐，因为他们相信只有把该做的事情都做好了，才能获得彻底的快乐。所以，他们往往会封印个人私欲，只关注那些应该或必须做的事，把大部分时间和精力都用于完善自己或改造世界。

由于怀有强烈的完美主义情结，1号人格者的思维方式往往带有非黑即白的特征。他们希望自己坚定地站在"正确"和"正义"的一方，并且用绝对正确的方式来批判和改变"错误"的东西。假如他们发现某个问题并非仅有唯一正确的答案，内心就会变得慌乱。

1号人格者非常在意自己的形象是否符合规范，希望能尽可能地让一言一行都做到无懈可击。因为他们最怕的就是他人的批评。为了避免遭受尖锐的批评，他们会先对自己进行深刻的自我批判。1号人格者总是想用更好的东西来代替已经非常好的东西。假如不能保证持续进步，他们的内心就会缺乏安全感。

1号人格者在健康状态下有着人们所希望看到的各种美德。他们严于律己，脱离了低级趣味，做事一丝不苟，为人正直、勤奋。他们往往有着极强的原则性与坚定的精神信仰，几乎可以称之为符合理想标准的"完人"。但在不健康的状态下，1号人格者会毫无变通、不择手段地强迫所有人遵循他们的固定模式，严酷地对待一切与自己意见相左的人。这主要是因为他们总是以完美主义心态来对待世界上的人和事，包括对待自己。无论被当成天使还是恶魔，1号人格者都是在认真按照自己的理想来改变世界。

# 职场角色：极具工匠精神的"纠错机"

阅前思考：1号人格者为什么会成为推动行业发展的主要力量？

**心理学格言**

1号对那些破坏规则的人可能非常生气，但是他们不会直接说出来，除非能确定自己的立场是完全正确的。

——海伦·帕尔默

虽然1号总是不知道自己真正想要什么，但是他们对于自己应该做的事情却很敏感。

——海伦·帕尔默

有时候，1号人格者会通过两种不同的生活方式来平衡自身需求和思想批判之间的压力。

——海伦·帕尔默

在职场中，1号人格者给别人带来的压力可能比任何一种性格类型的人都大。这主要是因为他们太严厉、太正直、太苛刻、太刻板，令人感觉难以亲近。但有时候，大家又会对1号人格者充满敬意，觉得世界上有这样的人存在真是太幸运了。让众人对1号人格者又爱又恨的，则是他们的完美主义情结。

其实，其他性格类型的人在某些时候或某些方面也有或多或少的完美主义情结。然而，1号人格者的完美主义情结有所不同，那是深入骨髓的全方位的完美主义情结。

他们要求自己做一个不犯错的"完人"，只要是有能力做到100%完美的事情，哪怕只有1%的瑕疵也会让他们非常懊恼。即便大多数人在这个方面只能做到80%，1号人格者依然不会为自己的出类拔萃而沾沾自喜，只会深刻地反省自己为什么不能避免最后那一丁点儿失误。如今媒体热炒的精益求精、追求极致的"工匠精神"，对于1号人格者来说不过是理所当然的日常行为。如果让他们来做监督、质检、审计方面的工作，将能最大限度地减少大家的纰漏。

"严于律己，宽以待人"是人们公认的美德，但1号人格者往往只能做到前一点。他们自以为只是在按照"普通的"标准做事，看到其他人连这么"普通的"要求都达不到，自然会心生不满。要么克制自己的怒火，语重心长地对他人进行长篇大论的说教，要么直接不留情面地严厉批评对方，把别人批评得恨不得找个地缝钻进去。

可是，1号人格者往往意识不到自己的要求根本不普通，已经超过了大多数人的能力范围。其他性格类型的人都会有这样那样不在意的地方，1号人格者却苛求自己和别人把生活中的每一处细节都做得更好。他们有着让世界变得更美好的理想主义情结，而且信念异常坚定，所以经常会因为坚持自己的原则不动摇而得罪他人。

但也正因为如此，1号人格者往往会成为组织秩序的制定者和带头遵守秩序的模范。他们会排除个人情绪的干扰，制定出一个客观而公正的规章制度，以维护众人的权益。他们严格要求自己是为了以身作则，带动大家用更高的标准来要求自己，最终实现自我升华。理想原则的捍卫者与严格的导师也是他们最常见的形象。

所以，1号人格者通常是优秀的规矩制定者与执行者。他们理智客观、公正无私，在原则面前可谓六亲不认。人们一方面抱怨1号人格者不通人情，但另一方面又盼望自己在自己遭遇不公时他们能伸张正义。

对于1号人格者来说，纪律严明、制度完善、作风严谨的工作环境最有利于自己能力的发挥。他们也乐于为组织或团队的制度建设与作风建设做出更多贡献。假如没有他们的存在，整个职场很容易陷入混乱、散漫、错误频出的不利局面。

# 情感模式：挑剔别人，苛责自己

> 阅前思考：1号人格者在情感关系中的最大问题是什么？

大家都希望自己拥有可以信赖的道德高尚的亲人、伴侣、朋友、同事。1号人格者正是这种类型的人。

在健康状态下时，他们是所有人格类型中最恪守道德、法律、规章、协议、约定的人。需要注意的是，1号人格者恪守的道德不完全是当时的社会主流道德，在很大程度上是他们自己制定的更高标准的道德。他们生性耿直，有着极强的自我约束力，为了维护自己心中的道义和原则，不惜做出很多常人难以想象的牺牲。虽然有人会嘲笑他们傻，但也不得不承认，这类把别人不当回事的东西还看得很重的人确实有令人敬佩之处。所以，1号人格者往往在品德言行上比其他人格类型的人更接近大众心中的"完人"形象，他们纵然不被亲近，也会在关键时刻被信任。

他们在情感关系中同样不会改变这种作风。耐人寻味的是，严重的完美主义情结让1号人格者经常觉得自己还有很多不足，不值得别人去爱，也很难相信别人愿意同时接纳自己的优点和缺点。所以，当他们与对方的关系越来越亲密时，也会变得越来越紧张。

1号人格者对事情过于认真，处理情感问题时也是如此。他们生怕一言一行的失误会让对方生厌，从而离开自己。于是经常紧张兮兮地反省自己哪里做得不好，试图把缺点全部隐藏起来。然则，紧张的神经让他们越来越害怕被对方拒绝，自我保护的潜意识会令其挑剔别人的错误，以此来平衡苛责自己的焦虑。

他们会不断纠正关系亲密者的"不足"。其实，很多时候，那只是没按照他们的标准去做而已。1号人格者一般不会察觉到，自己在挑剔的过程中已经积压了很多怒火，一不小心就会做出伤人的言行。

说到底，他们过于追求寻找完美的感情，总是想把对方改造成自己心中最理想的样子。当矛盾激化时，1号人格者会变得更加挑剔，更努力地找出对方的缺点。特别是当伴侣违反了某些原则时，他们会怒不可遏，轻则争吵不休，重则与其分手。

不过，1号人格者其实并不是完全不能接受伴侣的缺点。他们更多时候只是希望对方能承认错误而不是为自己找借口。只要做到了这一点，他们就会觉得对方态度良好，有向善之心，于是不再挑剔对方，而是忠诚地帮对方完善自己。

当1号人格者的心智发展到高级阶段时，会变成一个真正的严于律己，宽以待人的完人。他们会以高尚的德行来捍卫情感，力争做对方的完美伴侣，但能接纳对方一切无关大是大非的缺点。从这个意义上说，1号人格者有成为最佳亲人、朋友、配偶、同事的潜力。

# 与1号人格者互动的小窍门

(阅前思考：1号人格者最反感什么样的沟通方式?)

　　1号人格者凡事都追求完美，对自己如此，对别人也是如此。他们在跟你互动的时候，会努力把自己的意见完美地表达出来。态度鲜明，有理有据，客观公正，逻辑清晰，面面俱到，诚实可信，一针见血，具有可操作性，绝不说废话和无关的话，都是1号人格者对自己的要求。而你与他们交流的时候也要注意配合其完美主义倾向。

**能赢得1号人格者好感的举动**

　　◎对他们坚定的信念和立场表达钦佩之情，不过态度必须足够真诚。

　　◎赞美他们高尚的道德情操与宁折不弯的硬骨气。

　　◎遵守规则，认真仔细，处事公道，实事求是，精益求精。

　　◎接受他们的批评意见，并表示愿意以实际行动证明自己不会再犯同样错误。

　　◎在与他们争执的时候表明自己同样出于公心。

　　◎委婉地提醒他们表扬比批评更能有效指导他人。

◎当他们陷入自责时，多多表扬其优点。

◎言必信，行必果。

◎有敢于承担责任的魄力。

**会惹怒1号人格者的行为**

◎不守信用，且不以为耻，反以为荣。

◎破坏规则和秩序，特别是自己破坏自己制定的规则。

◎做违反道德和法律的恶行。

◎粗心大意，做事不认真。

◎总是把烂摊子丢给别人，毫无责任感。

◎不按照计划办事，随心所欲地行事。

◎说话词不达意，毫无逻辑性。

◎没有任何立场和原则。

◎拒不认错，死不悔改。

◎在他们做自我批评时，仍然不依不饶。

# 1号人格者眼中的其他人

阅前思考：完美主义心态浓重的1号人格者只会挑剔其他类型人的缺点吗？

### 1号人眼中的2号人

**喜欢的地方**：他们热情善良、精力充沛、乐于助人，让我受益良多。最难能可贵的是，他们总能迅速察觉到我的需求，还没等我开口求助就已经伸出援手，堪称"及时雨"。这让我免去了许多后顾之忧。

**反感的地方**：我坦率地指出他们的问题时，他们就会觉得非常受伤。他们的控制欲很强，总是想引起我的关注。他们太感情用事，不守规矩，也不考虑后果，甚至会为了讨好别人而卑躬屈膝。

### 1号人眼中的3号人

**喜欢的地方**：他们和我一样工作很努力，办事效率很高。我对他们那种积极向上的进取心印象深刻。他们跟我交流意见时表现得很开朗活泼，又足够干练。他们总是能和不同类型的人很快混熟，这点令人佩服。

**反感的地方**：他们有时候喜欢夸夸其谈，卖弄自己，那种得意忘形的样子令人不快。假如他们遇到无法克服的难题，就会不打招呼地逃避。他们太在意自己的完美形象，受不了任何批评。他们做事只看结果不问过程。

### 1号人眼中的4号人

**喜欢的地方**：他们悲天悯人，感觉敏锐，并且能感受到我的想法。他们灵气十足，具备令人羡慕的才华，对艺术有着别具一格的领悟。他们和我一样有着理想主义情怀，并能坚持自己的原则。

**反感的地方**：他们的神经太过纤细脆弱，心理承受力太差。他们总是要等到情绪对了的时候才去做该做的事，否则就会无休止地处理自己喜怒无常的情绪。他们太以自我为中心，希望别人无条件地爱他们。

### 1号人眼中的5号人

**喜欢的地方**：他们知识渊博，和我一样非常理智，经常能给我指点迷津。他们说话非常中肯，条理分明且十分深刻，一点都不浮夸。他们从不贪慕虚荣，非常讲究实际，做事特别专注且能善始善终。

**反感的地方**：他们固执己见，拒绝我认为应该做的事情时态度非常强硬。假如我不赞成他们的观点，他们就会变得非常喜欢争辩。他们善于创造却不太在意出成果，导致效率不太高。他们太过冷淡，缺乏热情，不喜欢主动跟人沟通。

### 1号人眼中的6号人

**喜欢的地方**：他们忠诚可靠，能以奉献精神服务大众，团队合作意识很强。他们努力认真，有着强烈的责任心和忧患意识，能为自己信仰的东西奉献一切。当你不顺时，他们会一直陪伴和支持你。

**反感的地方**：他们很害怕批评，总是过分贬低自己，缺乏足够的自信。他们说话时偶尔会有些难听的讥讽。他们太杞人忧天，情绪不太稳定，支持你时极度忠诚，反对你时不遗余力。

### 1号人眼中的7号人

**喜欢的地方**：他们和我一样对新知识充满好奇心，有如饥似渴的学习精神。他们做事非常有弹性，让过分死板的我颇受启发。他们和我一样，是希望世界能变得更美好的理想主义者。他们能很快从失败与挫折中重新振作起来，用乐观精神鼓舞我学会享受生活。

反感的地方：他们不仅以自我为中心，而且不喜欢做深入思考，只是要一些小聪明。他们的思维太过跳跃，而且不太记得住事情。他们做事不按规矩出牌，还经常虎头蛇尾。他们总是不能耐心地听我把情况说完，还很喜欢闹脾气。

### 1号人眼中的8号人

喜欢的地方：他们能勇敢地主宰自己的命运，而不受制于人。他们豪爽热情，有着很强的行动力和决断力，说一不二，很讲信用。他们的勇气对我是一个很大的鼓舞，让人精神振奋、信心百倍。

反感的地方：他们做事太鲁莽，不懂得三思而后行，损害他人利益时也不会放下面子做自我检讨。他们粗心大意，对细节太不重视，不懂得换位思考，总是我行我素，听不进忠告。

### 1号人眼中的9号人

喜欢的地方：他们有着海纳百川的宽阔胸怀，从不强迫别人去做某件事，温柔随和，善解人意，从来不会自作聪明地对某件事妄加评论。他们目光长远，善于综合不同的观点，能看到许多我忽略的东西。

反感的地方：一看到他们那即使火烧眉毛也不着急的慢吞吞的样子，我就急得上火。他们总是模棱两可，立场不明，不能给我明确的答复。他们喜欢逃避困难和冲突，缺乏直面问题的勇气。

延伸篇

# 第十二章
## 进阶理论——九型人格的动态变化

除了把人分为九种基本性格类型和三个三元组外，九型人格心理学还包括翼型理论与发展层级理论。

翼型是总体人格的"第二面"，这对我们的性格有很深的影响。每一种基本性格类型都有两个翼型，它们之间往往存在较大差异，但都是该性格类型的亚类型。没有人专属于单一的纯粹人格类型。九型人格分化出的18种亚类型人格，能让我们更完整地了解自己的性格特质。

发展层级理论认为每一种性格类型都有九个发展层级。其中，第一、第二、第三层级属于健康状态区，第四、第五、第六层级属于一般状态区，第七、第八、第九层级属于不健康状态区。假如同一性格类型者处于不同的状态区，他们的表现会大相径庭。发展层级理论指出了九种性格者在不同阶段的表现，为我们制定了性格发展方向。

# 翼型理论：18种亚类型人格

阅前思考：不同翼型对主导人格的影响有多大？

接触九型人格心理学时应该树立这样一个观念：你并不专属于某种纯粹的人格类型，而是由主导人格和副人格共同构成的混合体。九种基本的性格类型即主导人格，与之相邻并混合的性格类型被心理学家称为"翼型"。翼型是我们人格的"第二面"，对主导人格起着重要的补充作用，让同一基本性格类型的人产生了丰富的变化。

比如，你的主导人格是1号，与之相邻的9号、2号就构成了两个不同的翼型。按照九型人格心理学的习惯，两个翼型分别表示为"主1翼9"和"主1翼2"。其中，主导人格是1号，主1翼9意味着你的副人格是9号，9号人格的某些做派会反映在你的言谈举止中。主1翼2则表明，你的主导人格受到2号人格的影响更深，在某些方面具有2号人格的特点。

翼型理论把九型人格进一步细分为18种亚类型划分情况见图12-1。

主9翼8：贪求舒适者　　　　　　　　主9翼1：梦想家

主8翼9：忍让者　　　　　　　　　　　主1翼9：理想主义者

主8翼7：标新立异者　　　　　　　　　主1翼2：鼓动家

主7翼8：现实主义者　　　　　　　　　　主2翼1：公仆

主7翼6：表演者　　　　　　　　　　　主2翼3：主人/女主人

主6翼7：搭档　　　　　　　　　　　　主3翼2：明星

主6翼5：防卫者　　　　　　　　　　　主3翼4：专家

主5翼6：问题解决者　　　　　　　　　主4翼3：贵族

主5翼4：反偶像崇拜者　　　　　　　　主4翼5：波西米亚人

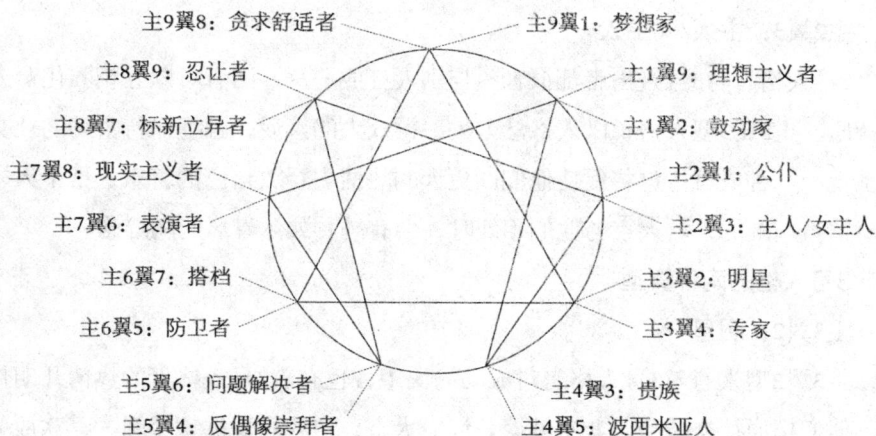

图12-1　由18种翼型构成的亚类型

### 1号人格的两种翼型

**主1翼9：理想主义者**

由于1号人格与9号人格都有理想主义倾向，由此组合而成的类型具有最多的理想主义色彩。主1翼9型人非常理智，重视逻辑，疏离社交，有点像5号人格者。他们是典型的"开明人士"，擅长不带主观色彩地公正客观地看待问题，有一种神秘的博学精英风范。

**主1翼2：鼓动家**

2号人格者希望自己成为大爱无私之人，比较情绪化；1号人格者则希望自己成为公正无私之人，理性而缺乏人情味。由此组合而成的主1翼2型人往往富有同情心，为人正直，举止大方，充满热忱，怀着造福大众的理想主义情怀。

### 2号人格的两种翼型

**主2翼1：公仆**

2号人格者感情丰富，善于交际，1号人格者严谨、客观具有理想主义。两种人格特质在某种程度上是对立的。这使得主2翼1型人不仅有着强烈的利他意识，使命感与责任感也大幅度提升。他们有着强烈的社会良知，并希望按照法度与原则来做事。理智的头脑与温暖的性格在他们身上得到了很好的统一。

主2翼3：主人/女主人

2号人格者与3号人格者都很容易与别人打成一片，两者可以互相强化对方的特质。主2翼3型人擅长以人格魅力去赢得众人的喜爱，且把保持密切的社交关系视为一种成就。这将促使他们以更大的热情去释放自己的善意，把个人才艺奉献给周围的人。大家与他们相处时，会有一种如沐春风的陶醉感。

**3号人格的两种翼型**

主3翼2：明星

主3翼2型人有着3号人格者对成功的渴望，也有着2号人格者的热情开朗作风。他们精通社交技巧，非常健谈，慷慨大方，自我表现欲望很强，喜欢成为世人瞩目的焦点，经常在各种社交场合穿梭。这个亚类型的人往往有着浓浓的明星气质，能让场面变得更加活跃和欢快。大多数人都会被主3翼2型人的个人魅力所吸引，热衷于和他们交往。

主3翼4：专家

主3翼4型人表面上看起来更像4号人格者。他们不像主3翼2型人那么活泼，反而相当的安静、低调、克制，又有4号人格者的艺术兴趣，对自我表现欲有所节制。他们热衷于树立独特的个人风格，勤劳刻苦，对自我形象的塑造侧重于功劳才智，而不是个人魅力。这使得主3翼4型人会像5号人格者那样把大量时间用于提升自己在专业领域的能力，把心思放在事业上。

**4号人格的两种翼型**

主4翼3：贵族

主4翼3型人的主导人格是4号人格，自我意识是内倾的，不喜欢暴露自己，但副人格又让他们具有3号人格者外倾的社会能力。这个亚类型的人志向远大，多才多艺，富有创造力，善于社交，渴望成功并与众不同。他们内心装着梦想，也装着受众，想要完善自己，对人际关系的复杂变化十分敏感。

主4翼5：波西米亚人

4号人格者为了保护自己的情感而退缩，5号人格者为了保护自己的安全感而退缩。主4翼5型人综合了这两者的特点，没有主4翼3型人的雄心壮志，不喜欢社交，但喜欢观察别人。他们融合了4号人格的艺术天分与5号人格的洞察力，在健康状态下可能是18种亚类型人格中最具有创造力的类型。他们不在意受众的看法，只是追随着个人灵感来尽情地表达自我。

**5号人格的两种翼型**

**主5翼4：反偶像崇拜者**

主5翼4型人对自我感觉与内心世界极度重视，性格更内倾也更情绪化。他们认为只有先看清自身的本质属性，才能找到自己最想要的生活。他们的思维兼具5号人格与4号人格的特点，把4号翼型渴望独特的属性融入了充满好奇心的5号主导人格中。这使得他们考虑问题时喜欢把很多东西联系在一起来看，热衷于尝试新的方法，从而在艺术与学术领域取得新突破。

**主5翼6：问题解决者**

主5翼6型人有着5号人格者疏远社交的倾向，又被6号翼型强化了焦虑感，所以他们既是18种亚类型中最理智的类型，也是最不容易与其他人产生亲密关系的类型。不过，6号翼型同时让这个亚类型的人能够与他人展开长期合作，并更好地发挥5号人研究世界真知的天赋，分析环境中存在的问题并找出解决办法。他们在情感表达上颇为克制，但有一种积极向上的幽默感，也会对生命中的关键人物怀有深厚的情谊与奉献精神。

**6号人格的两种翼型**

**主6翼5：防卫者**

主6翼5型人兼有5号人格的感知力、好奇心、强烈的理性和6号人格的组织能力、交际能力。他们把自己看作为弱势群体而战的保护者，又会接纳某种具有一定权威性的信仰、同盟。他们态度严肃，十分自律，又有表达自己信念的热情。这个亚类型的人专注力极强，对环境变化的感知非常敏锐，常能表现出先见之明，被视为解决社会疑难问题的好手。

**主6翼7：搭档**

主6翼7型人比主6翼5型人更加合群，兴趣更广泛，专注力则逊色不少。他们平易随和，乐善好施，热衷社交，谈笑风生，希望被别人喜欢和接纳，会经常关注别人的反应，以确定自己的言行是否得体。这个亚类型的人渴望快乐，喜欢物质享受，拥有多种消遣方式，为人处事不那么一本正经，把幽默感作为应对生活的重要手段。

### 7号人格的两种翼型

#### 主7翼6：表演者

主7翼6型人可能是18种亚类型性格中最外向、最酷爱社交的类型。他们既有7号人格追求刺激的冒险心理，又有6号人格渴望从人际关系中寻找安全感的特点，所以特别喜欢广交朋友，与朋友频繁互动。这个亚类型的人喜欢开玩笑，有点"人来疯"的孩子气，创造力与娱乐精神完美地结合在了一起。他们对待世界的看法更为正面，在健康状态下可凭借6号翼型具有的纪律性、合作意识来完成很多想法。

#### 主7翼8：现实主义者

主7翼8型人是一种颇具攻击性的人格类型，把7号人格的活泼与8号人格的闯劲融为一体。他们勤奋而武断，有着明确的行动目标和强烈的进取心，能以高昂的热情来投入紧张的生活。他们讲究实际，意志坚定，能真正接纳世界所提供的一切事物，享受生活中的各种美好。这个亚类型的人老于世故，擅长以务实的策略来组织内外部资源，以求实现自己的意图。

### 8号人格的两种翼型

#### 主8翼7：标新立异者

主8翼7型人与主7翼8型人一样极具攻击性。他们可以说是18种亚类型中最自行其是且最有独立性的类型。8号人格对权力的追求，7号人格对美好体验的占有欲，都集中在主8翼7型人身上。他们说话总是直击要害，做事勇猛果敢，总能毫不犹豫地表达自己的立场。这个亚类型的人热衷于开创事业，会用远大的愿景来吸引无数人与之共事，共同迎接时代的挑战。

#### 主8翼9：忍让者

主8翼9型人的主人格与副人格有些相互冲突。8号人格自以为是，喜欢冲突；9号人格则会压抑自己的攻击性，回避冲突。主8翼9型人比主8翼7型人更容易与别人互动。他们喜欢按照自己的想法做事，但没那么自以为是，举止会很温柔随意，攻击性要弱得多。这个亚类型的人非常讲究策略，很少一意孤行，喜欢通过支持和保护他人来展现自己对命运的挑战。他们能与别人建立一种密切的私交。

### 9号人格的两种翼型

### 主9翼8：贪求舒适者

主9翼8型人有宽容的肚量，自我意识不太强，不过有时也会强硬地坚持自己的观点。他们在人群中有一种温和而开明的气质，喜欢跟朋友们一起海阔天空、欢声笑语。这可能是18种亚类型中最难识别的一种，因为8号人格与9号人格的很多特性背道而驰，他们却能将8号人格的意志力融入9号人格善于鼓励他人的特性。这个亚类型的人能屈己容人，也能独立果敢，坚强与温和并存，不喜欢自吹自擂，但又会表现出必要的强势。

### 主9翼1：梦想家

主9翼1型人比主9翼8型人更为理智，也更有自制力，温和程度有所下降。他们喜欢探索精神领域的话题，具有理想主义色彩，遇到问题时会像1号人格那样在乎公正性和客观性，又有9号人格的思想开放性。这个亚类型的人在健康状态下时擅长整合不同的观点，从各种分歧意见中找出最大共识。他们开朗而友善，却又有些过分执着于理想，还喜欢对人说教。不过，主9翼1型人的想象力和创造力非常丰富，喜欢分享自己的看法，也能欣赏他人意见中的闪光点。

# 九型人格的健康发展层级

阅前思考：健康状态下的九型人格有几个发展层级？

九型人格心理学有个发展层级理论，每一种基本的性格类型都存在九个不同的发展层级。这些层级反映了每种性格类型在不同情况下的连续变化过程，其中包括健康层级、一般层级、不健康层级。健康层级包括了第一、第二、第三层级，体现了每种性格在心理健康状态下的发展动态。接下来，我们将分别讨论九种基本性格类型在健康发展层级中的特点。

## 1号人格的健康发展层级

| 层级 | 特征 | 具体描述 |
| --- | --- | --- |
| 第一层级：睿智的现实主义者 | 解放（自我超越） | 关键词：智慧<br>第一层级的1号人格者心理非常健康，有着崇高的理想，不断完善自己，但并不会事事求全责备，也觉得没必要完美无缺。他们是所有人格类型中最睿智的类型，对世间的是非有着最清晰的判断力，且能做出最恰当的行为。由于对真理和道德秩序充满信心，他们对自己和他人都很包容。 |

**心理学格言**

尽管在生命的不同时期，我们每天都会游离于其他类型，可我们自己的类型才是我们最终要回归的"家"。

——拉斯·赫德森

心理学家通常认为，人格特质的形成，大部分是孩子童年时期与父母及周围重要人物互动的结果。

——唐·理查德·里索

（续表）

| 层级 | 特征 | 具体描述 |
|---|---|---|
| 第二层级：<br>理性的人 | 心理能力和<br>自我意识 | 关键词：责任心<br>　　第二层级的1号人格者会成为理性的化身，敏感而谨慎地做事，能客观而准确地判断不同事物的价值和意义。恪守良知，知错就改，认真负责，是其本色。他们追求正直高尚的德行，渴望实现天人合一的至高境界，但并不以此自傲。 |
| 第三层级：<br>讲求原则的<br>导师 | 社会价值<br>（对他人的<br>贡献） | 关键词：尽责<br>　　第三层级的1号人格者追求真理与正义。他们过着高风亮节的有益生活，知道怎样做正确的事和怎样正确地做事。他们极其重视公平合理的秩序，痛恨一切不公平的行为。他们原则性极强，不会为了利益诱惑而放弃原则，堪称责任心和可靠性极强的人生导师。 |

## 2号人格的健康发展层级

| 层级 | 特征 | 具体描述 |
|---|---|---|
| 第一层级：<br>不求回报的<br>利他主义者 | 解放<br>（自我超越） | 关键词：无条件的爱<br>　　第一层级的2号人格者的心理处于最佳状态，超越了2号人格以付出爱来索取爱的内心需要，有着无私奉献的利他主义精神，真正给予大众不求回报的爱。这是因为他们知道如何关爱自己，也明白付出是一种选择，而不是施舍，也不能强迫对方接受。他们有着无与伦比的善意，摒弃了那种藏有私心的义举，从而达到人性的至善。 |
| 第二层级：<br>关怀者 | 心理能力和<br>自我意识 | 关键词：同情<br>　　第二层级的2号人格者在所有人格类型中最具同情心，能够想他人之所想，急他人之所急。他们有着超凡的共情能力，对别人的痛苦感同身受。他们会把强烈的慈悲之心投入到帮助他人的活动中，在精神上和物质上都慷慨大方，也非常能包容别人的小错。 |

（续表）

| 层级 | 特征 | 具体描述 |
|------|------|----------|
| 第三层级：<br>扶助性的助人者 | 社会价值<br>（对他人的<br>贡献） | 关键词：慷慨<br>　　第三层级的2号人格者喜欢表现自己的爱心，想尽一切办法为有需要的人提供各种实质性的援助。即使这些工作超出了他们的能力范围，他们也依然坚韧不拔地贯彻助人为乐的信念。这一类人因仗义疏财而常常成为众人愿意追随的对象。 |

## 3号人格的健康发展层级

| 层级 | 特征 | 具体描述 |
|------|------|----------|
| 第一层级：<br>真诚的人 | 解放<br>（自我超越） | 关键词：有主见<br>　　第一层级的3号人格者的心理处于最佳状态，不再把外界的肯定作为驱动力，而是将重心转移到自我成长上。这使得他们学会追随内心，以真实的自我来成就自己的事业，以真诚的态度接纳自我及他人。也就是说，他们能完整接纳自己的优点和缺点，不再刻意追求高人一等和与众不同。 |
| 第二层级：<br>自信的人 | 心理能力和自我<br>意识 | 关键词：适应力强<br>　　第二层级的3号人格者有着出色的社会适应力，并且擅长观察现场的氛围和解读别人的内心，从而随机应变地调整言行，让大家由衷地赞赏他们。他们喜欢与对方进行微妙而持续的互动，以确信自己是个有价值的重要角色。他们积极自信，知道怎样做能变得更受大家欢迎。他们是所有人格类型中最能吸引大家注意的一类。 |
| 第三层级：<br>杰出的典范 | 社会价值<br>（对他人的<br>贡献） | 关键词：有抱负<br>　　第三层级的3号人格者希望保持良好的自我感觉，但他们害怕别人拒绝或否定自己，于是非常努力地提升自己各方面的素质，做一些有建设性的事情。他们在涉足的领域中往往是模范人物，成为大家心目中的榜样。高昂的热情与勤奋的态度让他们拥有很强的竞争力，其他人也会在他们的感染下变得士气高涨。 |

### 4号人格的健康发展层级

| 层级 | 特征 | 具体描述 |
|------|------|----------|
| 第一层级：富有灵感的创造者 | 解放（自我超越） | 关键词：热爱生活<br><br>第一层级的4号人格者是所有人格类型中最擅长从自己的潜意识里找到动力的人，因为他们懂得怎样倾听内心的召唤，并能以开放的心灵汲取外界的力量。他们获得了根本意义上的创造自由，在最佳状态下能从各种生活细节中获得意想不到的灵感。他们热爱生活，奋发向上，能时时刻刻体验到新的自我，不断激发新的创意与艺术成就。 |
| 第二层级：自省的直觉 | 心理能力和自我意识 | 关键词：敏感<br><br>第二层级的4号人格者还没有唤醒自己的灵魂，无法明确自己的定位，需要通过不断地更新自我来维持灵感。这种自我更新就是自我反省的产物。他们对自己的情感状态与情感平衡有着客观的认识，不再放任自流和向外索求。他们对自己和他人都有敏感的直觉，用潜意识来感知世界和感悟生活。 |
| 第三层级：自我表露的个体 | 社会价值（对他人的贡献） | 关键词：有创造力<br><br>第三层级的4号人格者是所有人格类型中最敢于直接向别人坦承自己最私密情况的人。他们从不隐藏自己的怀疑和脆弱，也不以面具掩饰真实的自我，而是把优缺点和存疑的东西都展现出来。他们在情感上极度诚实，也希望别人能做到这点。他们能周全地考虑他人的需要及隐私，真正把你当成独立的个体来尊重。他们能出色地运用创造天分来传递感人至深的艺术力量。 |

## 5号人格的健康发展层级

| 层级 | 特征 | 具体描述 |
|---|---|---|
| 第一层级：<br>开创新领域的先知 | 解放<br>（自我超越） | 关键词：有理解力<br>第一层级的5号人格者的心理处于最健康的状态，拥有一种从纷繁事物中参透普遍规律的领悟力，并能把看似无关联的现有知识综合成新生事物。他们不再依赖理论和概念来认知世界，而是以开放而深邃的目光去洞悉复杂的现实。他们不再以心灵防御现实，而是像镜子一样用心灵观照现实。他们善于预见事物未来的发展状况，能完美地描述眼前的现实与未知的事物，开拓划时代的新领域。 |
| 第二层级：<br>感知性的观察者 | 心理能力和自我意识 | 关键词：有好奇心<br>第二层级的5号人格者对周围的世界有着敏锐的观察力，能深刻地认识到世界的光明、阴暗以及多元复杂。他们享受思考的乐趣，并因此感到身心快乐。他们因好奇心与感知力而显得与众不同，能持续多年研究某个问题。他们能以无比的洞察力直达事物的核心，理解其中奥妙，留心大家忽略的细节。他们专注地观察着世间万物的联系，热忱地学习相关知识，试图更深入地了解复杂的世界。 |
| 第三层级：<br>专注的创新者 | 社会价值<br>（对他人的贡献） | 关键词：有创新能力<br>第三层级的5号人格者开始担心自己的思考不够准确，于是集中精力去积极研究自己最感兴趣的领域。他们这样做是为了彻底掌握该领域的知识，从而确保自己在世界上获得一席之地。他们通常能保持开放的心灵，能不厌其烦地向别人阐述自己的想法，也相信别人能提供有趣的角度。所以他们乐于分享知识和与别人交流看法。他们十分重视独立性，有着微妙的幽默感，试图也有可能在感兴趣的领域做出令人瞩目的创新成果。 |

## 6号人格的健康发展层级

| 层级 | 特征 | 具体描述 |
|---|---|---|
| 第一层级：<br>勇敢的英雄 | 解放<br>（自我超越） | 关键词：自主<br>　　第一层级的6号人格者的心理处于非常健康的状态，不像一般状态时那样充满自我怀疑。他们发现了生命中的持久信念，发自内心地肯定自己，不再求助于权威的认可，确切地知道自己在什么情况下该做什么事。他们相信自己能沉着果断地处理一切危机。他们的思维充满了令人鼓舞的正能量，他们的行为传递着不屈不挠的钢铁意志。他们善于支持和关爱他人，也被他人视为平等的伙伴与可信赖的英雄。 |
| 第二层级：<br>迷人的朋友 | 心理能力和<br>自我意识 | 关键词：魅力<br>　　第二层级的6号人格者并不能一直保持充分的自我肯定，有点害怕被抛弃、被孤立，试图从周围的环境中寻找可以提高自信心与安全感的东西。他们会产生一种迷人的个人能力，引发对方强烈的情感反应。他们对别人怀着友善的好奇心，并会做出对彼此都有利的行为。他们慨然重诺，幽默风趣，乐于助人，善于预判隐患和维护周围每个人的安全，致力于做令大家信赖的朋友。 |
| 第三层级：<br>忠实的伙伴 | 社会价值<br>（对他人的<br>贡献） | 关键词：合作<br>　　第三层级的6号人格者担心自己的好意愿也未必能获得理想的人际关系，于是变得十分负责，对待同伴的事情一丝不苟，为自己贡献力量而感到自豪。这是因为他们想进一步巩固现有的友谊与同盟，以保障自己的安全感。他们尊重他人，富有团队精神，擅长合作，而且非常注意维护平等关系与公共福利。他们会对环境中的不公平现象提出质疑，堪称正直与诚实的化身。 |

### 7号人格的健康发展层级

| 层级 | 特征 | 具体描述 |
|---|---|---|
| 第一层级：入迷的鉴赏家 | 解放（自我超越） | 关键词：感激<br>第一层级的7号人格者的心理处于非常健康的状态，不再刻意追求享乐，而是珍惜、学会享受当下生活的点点滴滴。他们会变得无条件地热爱生命，真诚地拥抱生活中的一切。他们怀着感恩之心来欣赏每一件事，随时随地都能满足内心深处的需要，从现实生活中获得持久的快乐。而且这种快乐没有附加条件，也不会被剥夺。 |
| 第二层级：热情洋溢的乐天派 | 心理能力和自我意识 | 关键词：热情<br>第二层级的7号人格者喜欢做个快乐的人，能以敏锐而热情的好奇心来接纳新生事物。他们往往机智诙谐、多才多艺，能毫不费力地记住世界上各种有趣的东西，堪称"经验的仓库"。他们精力充沛，善于随机应变，有强烈的冒险意识，并不畏惧失败。他们生命力顽强，乐天达观，能迅速从伤害和挫折中浴火重生。 |
| 第三层级：多才多艺的全才 | 社会价值（对他人的贡献） | 关键词：富有生产力<br>第三层级的7号人格者的心理虽然还处于健康状态，但开始担心自己的快乐会被剥夺，于是对生命采取实用主义态度，通过多才多艺来换取更让人满意的生活。他们会凭借热情与生命力成为多面手，可能是所有人格类型中看起来"最能干"的。他们往往备受瞩目，不断涉足新领域，乐于与别人分享自己的热情和欢乐，享受着生活中的一切美好。 |

## 8号人格的健康发展层级

| 层级 | 特征 | 具体描述 |
|------|------|----------|
| 第一层级：宽容大度的人 | 解放（自我超越） | 关键词：同情<br>第一层级的8号人格者的心理处于最健康的状态，不仅胸襟四海、悲天悯人、公而忘私、刚柔并济，还会为了高远的志向而长期奋斗。他们不再热衷于支配别人，而是会以用人不疑的态度授权他人。他们内心自由而独立，拥有与生俱来的领袖气质，有着为大众谋福利的坚定信念与坚韧意志，最有可能成就一番伟大的事业。 |
| 第二层级：自信的人 | 心理能力和自我意识 | 关键词：力量<br>第二层级的8号人格者总是想成为命运的主人，并且也不怀疑自己排除万难、实现目标的能力，故而显得十分自信。他们在应对挑战的过程中会越战越勇，不断成长。由于斗志满满，他们很少会被焦虑和自我怀疑折磨，也不会花太多精力去反思自己的内心。他们的忍耐力、意志力极强，并且有着出色的直觉与形势预判能力。 |
| 第三层级：建设性的挑战者 | 社会价值（对他人的贡献） | 关键词：保护性<br>第三层级的8号人格者害怕自己变得软弱无能，于是通过挑战和建设来证明自己的力量与独立性。他们拥有精明强干、勇敢果断等令人信服的气质，故而被大家视为可靠的指导者与保护者。健康状态下的8号人格者有着天生领导者的气质，坚持自己的信念，但心里装着大家的最大利益，力求自己的言行举止对得起大家的尊重和信任。 |

### 9号人格的健康发展层级

| 层级 | 特征 | 具体描述 |
| --- | --- | --- |
| 第一层级：<br>有自制力的<br>楷模 | 解放<br>（自我超越） | 关键词：自律<br>　　第一层级的9号人格者突破了与他人分离的恐惧，变成了一个内心高度整合的极为自律的独立个体。他们能主动掌控自己的意识，心灵平和而圆满，充满活力和生命力。由于自制力出众，他们比任何时候都愿意为大家做贡献，并能以灵活有效的手段来处理问题。他们在整合自我与整合世界这两个方面，堪称所有人格类型的楷模。 |
| 第二层级：<br>有感受力的人 | 心理能力和<br>自我意识 | 关键词：无私<br>　　第二层级的9号人格者有着非凡的感受力，总是能很好地接纳他人，对压力和骚动也能淡然处之，不会被各种麻烦动摇自己的节奏。他们是所有人格类型中最值得信赖的人。因为他们相信别人也相信自己，还热爱生活，对生老病死抱着豁达的心态。当大家有需要的时候，他们会无私地成为对方的避风港。 |
| 第三层级：<br>有力的和平<br>缔造者 | 社会价值<br>（对他人的<br>贡献） | 关键词：接受<br>　　第三层级的9号人格者先确保和平成为生活的主旋律，这个动机促使他们变成致力于调解纠纷的和平缔造者。他们善于观察不同人的差异，了解其想法，还能找出分歧各方的共同点，从而化解纠纷。他们有着令人安心的独特能力，对待任何人都真诚无伪，还能直言不讳地指出别人的问题，帮其克服不足。 |

# 九型人格的一般发展层级

阅前思考：一般状态下的九型性格者有几个发展层级？

九型人格心理学的一般发展层级包括了第四、第五、第六层级，体现了每种性格在一般心理状态下的发展动态。接下来，我们将分别讨论九种基本性格类型在一般发展层级中的特点。

### 1号人格的一般发展层级

| 层级 | 特征 | 具体描述 |
| --- | --- | --- |
| 第四层级：理想主义的改革者 | 失衡 | 关键词：理想主义<br>1号人格者以超我为指导，若是自己的努力与坚持得不到认同，他们就会逐渐产生焦虑和负罪感。他们会因此化身为追求完美的理想主义改革家，致力于让自己与他人获得进步。第四层级的1号人格者有着强烈的道德优越感，并相信只有自己掌握了人们真正需要的正确答案。这使得他们以冷静而严厉的态度对待每一个细节上的不足，以求建立理想化的世界。 |

**心理学格言**

所有的九种人格类型是普遍适用于男性与女性的，没有专属男性或专属女性的性格类型。

——唐·理查德·里索

一个人的基本人格类型不会从一种类型变为另一种类型。虽然人们时常发生各种变化，但其基本人格类型是不会改变的。

——唐·理查德·里索

（续表）

| 层级 | 特征 | 具体描述 |
|------|------|----------|
| 第五层级：<br>讲究秩序的人 | 人际控制<br>（起因和结果） | 关键词：僵化<br>第五层级的1号人格者希望个人情感与公开的理想主义信仰保持一致。他们希望用黑白分明的二元秩序来主导生活的各个方面。为了做到这点，他们会以不近人情的方式维护秩序，克制自己非理性的冲动和欲望，也以此标准苛求他人，活得古板而生硬。他们的思维富有条理且逻辑精密，但忽略了世界的复杂性，对问题的理解比较僵化。 |
| 第六层级：<br>好评判的完美主义者 | 过度补偿<br>（以及防御行为） | 关键词：完美主义<br>第六层级的1号人格者害怕自己的松懈会造成不可避免的恶果，于是更加苛求事事完美无缺。他们对一切都吹毛求疵，毫无耐心，动辄为小事生气，常常因看不顺眼而对他人进行说教，语气尖酸刻薄。他们自视为真理的代言人，把个人理想当成指南针，把生活变成了"大家来找茬"的游戏。最终却因过分计较细节而降低了办事效率。 |

## 2号人格的一般发展层级

| 层级 | 特征 | 具体描述 |
|------|------|----------|
| 第四层级：<br>热情洋溢的朋友 | 失衡 | 关键词：取悦他人<br>第三层级的2号人格者的善良程度不如前三个健康层级那么高。他们的注意力焦点已经从需要帮助的对象逐渐转移到了自己身上。他们在意的不是自己做得到不到位，而是确认别人是否对他们有感情。为此，他们会非常感情用事，设法取悦他人，希望大家承认他们的善良与大方，甚至成为别人的"特殊朋友"。 |

（续表）

| 层级 | 特征 | 具体描述 |
|---|---|---|
| 第五层级：占有性的密友 | 人际控制（起因和结果） | 关键词：干涉<br>　　第五层级的2号人格者热衷于营造以自己为中心的小群体或大家庭，希望成为别人生活中的重要人物。他们永远觉得自己的服务还不够好，于是把每个人都看作是无助的孩子，从而过分热情地干预对方的生活，将爱与关怀强加于别人身上。他们对朋友的占有欲逐渐强烈，嫉妒心也日益加重，并试图通过对方给出的实质性的回应来证明这种亲密关系。 |
| 第六层级：自负的"圣徒" | 过度补偿（以及防御行为） | 关键词：自我牺牲<br>　　第六层级的2号人格者自认为替大家做了很多有意义的好事，为此牺牲了自己，只是希望别人能感激他们。他们由于太重视自我而习惯吹嘘自己的美德。他们倾向于承担过多的义务，喜欢别人把自己当成高风亮节的圣贤，总是觉得自己对别人有着莫大的恩惠。假如别人不以感情回报，他们就会十分愤怒和失望。 |

## 3号人格的一般发展层级

| 层级 | 特征 | 具体描述 |
|---|---|---|
| 第四层级：有好胜心的成就者 | 失衡 | 关键词：表演<br>　　第四层级的3号人格者希望自己与众不同，最怕的就是被人比下去。他们为了证明自己的优秀会比一般人更加努力地工作，同时还会寻找各种人眼中的"成功标志"来装点自己的价值。无论他们进入哪个行业，都会自行地把行业最高标准作为奋斗目标，高效率地做事。但他们并不是因为热爱才做这些事的，只是想让自己表现得高人一等。 |

（续表）

| 层级 | 特征 | 具体描述 |
|---|---|---|
| 第五层级：<br>以貌取人的<br>实用主义者 | 人际控制<br>（起因和结果） | 关键词：注重形象<br>　　第五层级的3号人格者的好胜心日益增强，却又因害怕失去人们的尊重，而将真实的自我更深地隐藏起来。他们最感兴趣的是提升自我表现，把自己塑造成令人喜爱的形象。为此，他们会非常在意自己给别人的印象，而不在乎这个印象是不是真实的自己。于是他们越来越圆滑，更多关注如何包装自己的外在，而内心缺乏真诚。 |
| 第六层级：<br>自我推销的<br>自恋者 | 过度补偿<br>（以及防御<br>行为） | 关键词：好胜<br>　　第六层级的3号人格者担心别人看穿自己不如理想形象那么优秀，认为那样会彻底蒙羞。于是他们绞尽脑汁地推销自己，设法让别人认为他们是完美的化身。但这也导致他们越来越偏离真实的内在自我，害怕失去价值的恐惧感与日俱增，于是想尽办法鼓吹自己有多好，内心极度膨胀。 |

### 4号人格的一般发展层级

| 层级 | 特征 | 具体描述 |
|---|---|---|
| 第四层级：<br>富有想象力的唯<br>美主义者 | 失衡 | 关键词：幻想<br>　　第四层级的4号人格者希望成为富有创造力的人，但一般状态下的他们只是有艺术家气质，而不是真正意义上的艺术家。他们并不能长久地维持自己的灵感，只能靠想象力来激发情绪和灵感。不同于健康状态下的4号人格者，他们把想象力用于强化情感上，已经沉浸于用幻想来修正世界，从而导致偏离现实生活。 |

（续表）

| 层级 | 特征 | 具体描述 |
|------|------|----------|
| 第五层级：<br>自我陶醉的浪漫主义者 | 人际控制<br>（起因和结果） | 关键词：喜怒无常<br>　　第五层级的4号人格者认为自己构筑的个人形象会因与他人互动太多而走向解离。他们担心别人会耻笑自己和想象中的自我形象截然不同，故而变得更为害羞、忧郁且极端个人化。自我怀疑压抑了他们心中理想化的自我形象，他们也认为别人无法理解自己的微妙情感，于是回避社交，只寻找能够理解自己的亲切同伴。他们内心孤独，希望有人陪伴，骨子里想得到别人的高度关注，从而变得喜怒无常。自我意识太强导致他们无法充分表达自己，从而陷入日益严重的自我陶醉之中。 |
| 第六层级：<br>自我放纵的"例外" | 过度补偿<br>（以及防御行为） | 关键词：任性<br>　　第六层级的4号人格者因自我陶醉的时间过久而为自己造成了更多的困境。他们总觉得自己与众不同，认为应该以不寻常的途径来满足自己的需求，于是在情绪和物质享受方面变得任性而放纵，完全不受约束。他们通过鉴定自己讨厌的东西来认清自我，对那些无法欣赏其狭隘自我形象的人报以蔑视。他们瞧不起普通人的生活，却又以矫揉造作代替了真诚的情感表达，从而陷入萎靡不振的精神状态。 |

## 5号人格的一般发展层级

| 层级 | 特征 | 具体描述 |
|------|------|----------|
| 第四层级：<br>勤奋的专家 | 失衡 | 关键词：概念化<br>　　第四层级的5号人格者从健康状态下降到了一般状态。他们总是担心自己知道得太少，找不准个人定位，也怯于行动。所以他们会努力去寻求知识，而不是运用知识。他们开始逃避与世界直接接触，用大量精力来把某个问题概念化，却又对该不该将想法付诸实践犹豫不决。他们总觉得自己准备得不如别人充分，专注于狭窄的研究领域，除此之外对其他东西缺乏讨论的兴趣。 |

（续表）

| 层级 | 特征 | 具体描述 |
|---|---|---|
| 第五层级：狂热的理论家 | 人际控制（起因和结果） | 关键词：心不在焉<br>　　第五层级的5号人格者对兴趣之外的东西关注越来越少，对尝试新活动的热情不断下降。他们把精力与财力都用于获取能力和自信心，但往往把无数时间花在各种得不出结果的计划上，反而更加不确定自己的观念，不安全感增强。他们不想因任何人或任何事而分心，沉浸于复杂的学术难题和智力游戏。他们乐于接受颠覆性的观念，却因脱离现实而得不到检验，导致心中的焦虑与不安加剧。 |
| 第六层级：挑衅的愤世嫉俗者 | 过度补偿（以及防御行为） | 关键词：挑衅<br>　　第六层级的5号人格者因心中的焦虑与日俱增而对自己努力研究的内容感到绝望。他怕其他事情耽误自己计划的"进程"，在学术上变得十分自负，但实际上对此并无把握。他们时而以较强的攻击性来自我防卫，时而觉得自己一无是处，于是变成充满挑衅意味的激进派，甚至选择极端边缘化的生活方式来证明自己的设想。 |

## 6号人格的一般发展层级

| 层级 | 特征 | 具体描述 |
|---|---|---|
| 第四层级：尽职尽责的忠诚者 | 失衡 | 关键词：自我怀疑<br>　　第四层级的6号人格者害怕自己做出不恰当的行为，给同伴或组织添乱。为了维护当前看似稳固的人际关系与生活方式，他们会更努力地做事，承担更多的义务，时刻准备着奉献更多的力量。但他们在健康状态下的自我肯定已经被自我怀疑所取代，对自己的决断力缺乏信心，从而寻找专业规定、经典案例、权威意见来增强自己的信心。当然，他们依然忠于信念，对自己认同的东西近乎无条件认可。 |

（续表）

| 层级 | 特征 | 具体描述 |
|---|---|---|
| 第五层级：<br>矛盾的悲观<br>主义者 | 人际控制<br>（起因和结果） | 关键词：防御性<br>　　第五层级的6号人格者由于过分忠实于责任和义务，开始变得力不从心，但他们又害怕失去同伴与靠山的支持，不想与之过于疏远。他们意识到自己的两难困境，内心秩序陷入混乱，变得越来越多疑，经常猜想对方是否真的认可自己、是否在利用自己。这使得他们在情感上变得极度矛盾，总是怀疑对方会像自己一样做不友好的事。 |
| 第六层级：<br>独裁的反叛者 | 过度补偿<br>（以及防御<br>行为） | 关键词：指责<br>　　第六层级的6号人格者为了证明自己不焦虑，证明自己没有动摇和依赖，会变得过分热情和充满攻击性。他们想要振作起来，却只是以粗野的力量来掩饰沉重的恐惧和焦虑。这种矫枉过正的做法让他们变得叛逆、精神十足，且极其好斗，通过不择手段地阻挠对方来证明自己并非软弱可欺。 |

## 7号人格的一般发展层级

| 层级 | 特征 | 具体描述 |
|---|---|---|
| 第四层级：<br>经验丰富的<br>鉴赏家 | 失衡 | 关键词：贪婪<br>　　第四层级的7号人格者总是担心自己会忽略掉更有意思的东西，所以会尽最大努力让自己的经验始终保持在新鲜、多样的状态。和健康状态下的7号热衷生产和创造相比，一般状态下的7号则更喜欢消费和娱乐。 |
| 第五层级：<br>过于活跃<br>外倾的人 | 人际控制<br>（起因和结果） | 关键词：冲动<br>　　第五层级的7号人格者体验的活动很多，但缺乏鉴定品质的判断力。他们一旦静下来就会有焦虑涌上心头，于是不断地游走于各种活动中，让自己没有焦虑的间歇。他们渴望活得多姿多彩，热衷社交，总想成为人们注意的焦点，显得过于好动和虎头蛇尾。假如环境不能帮他们分散注意力和保持亢奋，他们就会使尽浑身解数来激活他人的热情。 |

（续表）

| 层级 | 特征 | 具体描述 |
|---|---|---|
| 第六层级：<br>过度的享乐<br>主义者 | 过度补偿<br>（以及防御<br>行为） | 关键词：过度<br>　　第六层级的7号人格者内心的焦虑与日俱增，从而变得贪婪而急躁，迫切地想要立刻获得各种满足。他们会为此不断追求曾经吸引自己的东西，更加在意维持自己享乐生活的金钱财富。就算他们没钱，也依然会绞尽脑汁去维持自己铺张奢华的生活方式。他们太过以自我为中心，做事不加节制，过度放纵，也不肯为自己做的事情承担责任，内心却没有真正的幸福感。 |

## 8号人格的一般发展层级

| 层级 | 特征 | 具体描述 |
|---|---|---|
| 第四层级：<br>实干的冒险家 | 失衡 | 关键词：自负<br>　　第四层级的8号人格者常常难以完成自己的长远目标，对挑战也感到有压力。他们表面上看依然大胆自信，内心却对风险感到担忧和不安。一般状态下的8号人格者没有健康状态下那种鸟瞰全局的判断力，不再把崇高的理想作为动力，而将环境视为一个弱肉强食的丛林。他们想让自己和部下在环境中获得更大利益，越发坚持己见，喜欢与别人竞争，敢于开辟高风险的事业。 |
| 第五层级：<br>执掌实权的掮客 | 人际控制<br>（起因和结果） | 关键词：强硬<br>　　第五层级的8号人格者开始把注意力从项目转移到自身，希望以最强有力的活法来展现自己的力量和重要性。但他们热衷于通过掌控实权来满足自己的愿望，由于害怕被伤害和被控制，无法忍受圈子里任何形式的竞争。他们会用很多细节来展现自己作为性情中人的豪迈，以此来表现自己作为支配者的优势地位。他们并不介意因此与其他人发生冲突，反而会更加积极地去支配周围的一切。 |

（续表）

| 层级 | 特征 | 具体描述 |
|------|------|----------|
| 第六层级：<br>强硬的人 | 过度补偿<br>（以及防御<br>行为） | 关键词：好战<br>　　第六层级的8号人格者顽固地推行自己的主张，从而易引起别人的抱怨和抗议。这让他们害怕形势会失控，怒而以对抗的形式来维护自己的权威。他们把自己当成勇士，故意制造冲突，树立自己不会倒下的强势形象。他们不懂得什么叫妥协，只想着拿到自己想要的东西，甚至为自己的好战作风感到骄傲。但他们害怕失败，不敢挑战强大，只是欺凌弱小。 |

## 9号人格的一般发展层级

| 层级 | 特征 | 具体描述 |
|------|------|----------|
| 第四层级：<br>迁就的角色<br>扮演者 | 失衡 | 关键词：谦让<br>　　第四层级的9号人格者已经从健康状态下降到一般状态。他们会忽略自己的想法，开始迁就他人的愿望，以避免与其发生冲突。在这个层级下的9号人格者会扮演别人期待的样子，通过改变自己来适应他人，甚至不经深思就接受一切。他们过于迁就一切，无论被安排到什么位置都能融入其中，隐去真实的本色。其最典型的形象是绝大多数中规中矩的平凡人。 |
| 第五层级：<br>置身事外的人 | 人际控制<br>（起因和结果） | 关键词：被动<br>　　第五层级的9号人格者一心只想维持现状，害怕做出改变。他们不愿发挥自己的才干，宁可对每件事放任自流，于是总是设法置身事外，冷眼旁观。由于隔离了与环境中的人和事的实际接触，他们会觉得怡然自得。他们对生活中的很多事都采取随便的态度，甚至逆来顺受，也不肯太过深入地真切感受任何事。这使得他们经常心不在焉，沉溺于内心世界，如同梦游一般活着。 |

（续表）

| 层级 | 特征 | 具体描述 |
|---|---|---|
| 第六层级：<br>隐修的宿命论者 | 过度补偿<br>（以及防御<br>行为） | 关键词：宿命论<br>　　第六层级的9号人格者以消极被动的态度来面对问题。他们内心很自负，以为"船到桥头自然直"，宿命会让自己渡过难关。健康状态下的9号人格者是接纳命运，然后以宠辱不惊的心态做好该做的事。而一般状态下的9号人格者只是单纯地认命，放弃了努力。他们刻意忽略问题的严重性，天真地等待着麻烦自动解除，越来越难以保持心中的平静。 |

# 九型人格的不健康发展层级

阅前思考：不健康状态下的九型人格有几个发展层级？

九型人格心理学的不健康发展层级包括了第七、第八、第九层级，体现了每种性格在不健康心理状态下的发展动态。接下来，我们将分别讨论九种基本性格类型在不健康发展层级中的特点。

### 1号人格的不健康发展层级

| 层级 | 特征 | 具体描述 |
|---|---|---|
| 第七层级：偏狭的愤世嫉俗者 | 侵害（对自己和别人的） | 关键词：不容异己<br>　　第七层级的1号人格者认为自己永远正确，无论是事实证明推翻了自己的看法，还是别人有更好的看法，都不能改变他们僵化的头脑。他们把理想当成了不容偏离的教条，以绝对的原则铲除正常的人情。他们只苛责他人，而不会反思自己，无法包容别人的意见，心中充满了非理性的愤恨，导致自己变得越来越易怒和疲惫。 |

**心理学格言**

对某一种基本类型的所有描述并不绝对适用于某一个人。这是因为每个人都处于构成其人格类型的健康状态、一般状态或不健康状态间的某一点上。

——唐·理查德·里索

（续表）

| 层级 | 特征 | 具体描述 |
|---|---|---|
| 第八层级：<br>强迫性的伪君子 | 妄想和强迫（思想和行动） | 关键词：妄想<br>第八层级的1号人格者会出现一种内心双重分裂的情况。他们有着第七层级的偏狭，却要压抑自己不直接采取行动。这使得他们非理性的冲动更具有强迫性。强迫性思考与强迫性行为让他们越来越难以控制自己。尽管花了很多时间和精力来压抑烦恼，但他们会经常表现得言行相悖，最终因过分压抑情感和欲望而变得性格扭曲。 |
| 第九层级：<br>残酷的报复者 | 病态性破坏<br>（病理学和结果） | 关键词：惩罚<br>第九层级的1号人格者已经进入了神经质状态，不再把崇高的理想作为行动目标，而是强迫性思维变本加厉地找借口证明别人是错误的，而且还坚持要给予对方"应有的"惩罚。这使得无辜者会遭到他们的责罚甚至迫害。由于默认自己是"铁面无私的正义化身"，他们会不择手段地对他人施暴，反倒丧失了健康状态下1号人格者最关心的公正和理性。 |

## 2号人格的不健康发展层级

| 层级 | 特征 | 具体描述 |
|---|---|---|
| 第七层级：<br>自我欺骗的操控者 | 侵害<br>（对自己和别人的） | 关键词：操纵<br>第七层级的2号人格者已经从一般状态下降到了不健康状态。他们表面上的形象是"好好先生"，内心却怀着强烈的攻击性。他们为别人付出爱，若得不到对等的回报，他们就会通过操控情感来让别人变得相互对立。他们以帮助者的身份出现，一边暗中刺伤对方，一边安抚其伤口。他们会以"爱"的名义为自己的恶劣行径辩护，欺骗自己还是个善良的人。 |

（续表）

| 层级 | 特征 | 具体描述 |
|---|---|---|
| 第八层级：<br>高压性的支配者 | 妄想和强迫<br>（思想和行动） | 关键词：强迫<br>第八层级的2号人格者开始以神经质的方式强迫他人付出爱。在他们看来，自己此前牺牲了那么多，对方也应该为自己牺牲一下。他们害怕得不到别人的爱，因此变得极度缺乏理性，甚至摒弃健康状态下的2号人格者本身追求的无私形象，沦为一个极度自私的支配者。他们舍弃"爱"的外衣，展示出狂暴的攻击性，通过讥讽、批评和伤害他人来获得对方的关注。 |
| 第九层级：<br>身心疾病的<br>受害者 | 病态性破坏<br>（病理学和<br>结果） | 关键词：感觉被牺牲<br>第九层级的2号人格者极度渴望被爱、被关心、被感恩戴德。他们由于无法从别人身上得到自己想要的爱，会试着走旁门左道。比如期待自己得一场大病，从而成为大家关爱的焦点。因为他们害怕自己的伪善被暴露，于是想借此逃脱应该承担的责任，并将此视作自己为别人付出了牺牲的证明。这种心态又使其健康更加一落千丈。 |

## 3号人格的不健康发展层级

| 层级 | 特征 | 具体描述 |
|---|---|---|
| 第七层级：<br>不诚实的<br>投机分子 | 侵害<br>（对自己和<br>别人的） | 关键词：欺骗<br>第七层级的3号人格者特别害怕失败，鼓吹自己的不凡，但实际上又做不到。于是他们以欺骗的方式来维持自己的"成功者"形象。陷入不健康状态的他们已经远离了自己的核心，搞不清楚什么时候该做什么事，只是靠着弄虚作假来占小便宜，维持着并不顺利的生活。他们喜欢投机取巧，却又利令智昏，有一种自己很出色的幻觉，但空虚脆弱的内心很容易被击垮。 |

（续表）

| 层级 | 特征 | 具体描述 |
|------|------|----------|
| 第八层级：<br>恶意的欺骗者 | 妄想和强迫<br>（思想和行动） | 关键词：机会主义<br>第八层级的3号人格者更加不健康，唯恐自己的谎言会被曝光。但他们不愿面对自己的心理问题，只是不惜以破坏性行为来掩盖自己的劣迹，隐藏真实的动机。他们不仅谎话连篇，还彻底陷入自我欺骗的泥沼。这种生存之道让他们越来越恐惧，生怕被揭露、被惩罚。这使得他们变得冷酷无情，会故意破坏他人的成果来获得虚假的优越感。 |
| 第九层级：<br>怀有报复心理的变态狂 | 病态性破坏<br>（病理学和结果） | 关键词：报复<br>第九层级的3号人格者的病态心理严重，害怕自己的虚伪、空虚和恶行大白于世。他们认为那将会导致自己彻底毁灭。别人的成功与优越感会让他们感到被人鄙视。所以他们很怕别人比自己优秀。为了让自己强过对方，他们会在公开场合蔑视他人，私底下则非常嫉妒对方，将其视为恶意报复的对象。他们甚至会把激起公愤视为自己还算个"人物"的证明。 |

## 4号人格的不健康发展层级

| 层级 | 特征 | 具体描述 |
|------|------|----------|
| 第七层级：<br>自我疏离的抑郁症患者 | 侵害<br>（对自己的和别人的） | 关键词：孤独<br>第七层级的4号人格者害怕自己丧失实现梦想的可能性，这对他们而言如同天塌地陷一般可怕。由于处在心理不健康状态，他们连自我陶醉和自我放纵都舍弃了，觉得自己永远做不出有价值的事情，在潜意识里封闭所有的感情，对任何事情都专注不起来。他们还觉得周围的人都在与自己作对，认定自己的问题比所有人都糟糕，同时又不敢也不能表达自己的痛苦。 |

（续表）

| 层级 | 特征 | 具体描述 |
|------|------|----------|
| 第八层级：<br>饱受情感<br>折磨的人 | 妄想和强迫<br>（思想和行动） | 关键词：充满愤恨<br>　　第八层级的4号人格者对自己的失望已经转化为消磨生命的自我憎恨。他们只能看到自己不好的一面，对自己抱有强迫症式的鄙视。他们对生存感到愧疚，觉得如果没有自己的话，别人会过得更好。在这种心态的驱使下，他们会把每件事都当成痛苦之源，折磨自己的精神，甚至以各种方式来毁灭自己。 |
| 第九层级：<br>自我毁灭的人 | 病态性破坏<br>（病理学和<br>结果） | 关键词：自我毁灭<br>　　第九层级的4号人格者是第八层级恶化的产物。他们已经陷入了无以复加的绝望，认为自己无依无助，只剩下结束生命这一条路可以解脱。这种行为实际上仍然是为了逃避内心的强烈痛苦。他们在退化到这个层级前就多次幻想过死亡，想得越多，越迷恋这种极端的解决方式。他们觉得回不了头，并把结束生命看作自己唯一能控制的事情。 |

## 5号人格的不健康发展层级

| 层级 | 特征 | 具体描述 |
|------|------|----------|
| 第七层级：<br>孤独的虚无<br>主义者 | 侵害<br>（对自己的和<br>别人的） | 关键词：虚无主义<br>　　第七层级的5号人格者的心理状态十分不健康，导致自我怀疑不断加重。他们认为只有切断与他人的联系才能排除一切威胁自己的东西。他们自认为处于大众的对立面，认为自己在社会中已无处立足，从而变得孤独怪癖，以虚无主义的价值观对待生活。当人们提出质疑时，他们会为了维持仅存的一点一厢情愿的自信而变得蛮横无理，认为世界抛弃了自己。 |

（续表）

| 层级 | 特征 | 具体描述 |
|------|------|----------|
| 第八层级：<br>可怕的<br>"外星人" | 妄想和强迫<br>（思想和行动） | 关键词：神经错乱<br>　　第八层级的5号人格者越发不相信自己应对世界的能力，所以会减少社交活动，退缩到狭小的私人空间。世界对他们来说是一场噩梦，他们也无法从环境中获得任何重拾信心的力量。他们因内心的恐惧而变得神经错乱，出现幻觉，难以入睡，心智如同脱缰的野马，恨不得破坏这个看起来可憎而恐怖的世界。 |
| 第九层级：<br>发作的精神<br>分裂症患者 | 病态性破坏<br>（病理学和<br>结果） | 关键词：破灭<br>　　第九层级的5号人格者将进入精神分裂状态，把内心分裂成碎片，让自己丧失抵御敌对力量与内心恐惧的勇气。他们迫切渴望停止一切，要么主动结束余生，要么控制住内心分裂带来的巨大焦虑。他们会退化到一种内心空洞的状态，久而久之成为精神分裂症患者，思维能力与感觉能力、行动能力完全隔离开来，最终毁掉自己一切的智慧与才华，与现实彻底决裂。 |

## 6号人格的不健康发展层级

| 层级 | 特征 | 具体描述 |
|------|------|----------|
| 第七层级：<br>过度反应的<br>依赖者 | 侵害<br>（对自己的和<br>别人的） | 关键词：自卑<br>　　第七层级的6号人格者会担心自己的行为是否太具攻击性，以至于破坏了自己与同伴、权威之间的关系。他们担心自己的言行会四面树敌，从而被焦虑不安所困扰。他们不再以强硬好战的姿态对人，反而变得自卑、软弱，极端依赖同伴或权威人物。他们过分贬低自己，也因此总是猜忌别人的善意行为。他们害怕朋友离开自己，却因日益严重的焦虑而给对方造成困扰。 |

（续表）

| 层级 | 特征 | 具体描述 |
|------|------|----------|
| 第八层级：<br>妄想性的歇斯底里患者 | 妄想和强迫<br>（思想和行动） | 关键词：妄想<br>　　第八层级的6号人格者的自我贬低达到了歇斯底里的程度，并在潜意识里把自己的攻击性投身到别人身上，产生被迫害的妄想。他们开始从害怕自己转为恐惧他人。神经质的他们比任何时候都需要权威人士帮自己重拾信心，却又怀疑权威人士打算毁掉自己。他们心中充满破坏性想法，并认为这是外部世界对待自己的态度，从而高度戒备一切，在被迫害妄想中走火入魔。 |
| 第九层级：<br>自残的受虐狂 | 病态性破坏<br>（病理学和结果） | 关键词：受虐狂<br>　　第九层级的6号人格者处于极不健康状态，深信自己会被权威人士处罚，于是干脆选择用自我惩罚来抵消负罪感，以逃避想象中的惩罚。于是他们试图以自残的方式来减轻环境的威胁，通过自虐来缓解负罪感。他们潜意识里认为，被处罚就可以重新确信自己没被抛弃。但这种做法最终让他们身心虚弱甚至走向毁灭。 |

## 7号人格的不健康发展层级

| 层级 | 特征 | 具体描述 |
|------|------|----------|
| 第七层级：<br>冲动的逃避主义者 | 侵害<br>（对自己的和别人的） | 关键词：放荡<br>　　第七层级的7号人格者开始意识到过度放纵让自己变得越来越不幸，却不会认真反省自身，而是开始攻击那些让自己感到不快乐的人和事。在这个层级，7号人格者已经不再有真正的快乐体验，只是在强颜欢笑，掩盖自己害怕独处的焦虑。他们逃避潜意识里的忧苦，抑制不了幼稚的冲动行为，暴躁得像被宠坏的孩子。 |

（续表）

| 层级 | 特征 | 具体描述 |
|---|---|---|
| 第八层级：<br>疯狂的强迫性<br>行为者 | 妄想和强迫<br>（思想和行动） | 关键词：无节制<br>　　第八层级的7号人格者因处于不健康状态而担心自己丧失享乐的能力，从而以疯狂的强迫性行为来逃避自己的恐惧。他们的情绪和行为如同台风一样变幻莫测，从而破坏了人际关系与环境。他们内心高度亢奋，做事不考虑后果，并会强迫自己做各种各样的事。他们意识不到自己已经陷入幻境，意识不到自己的妄想会带来很多麻烦。 |
| 第九层级：<br>惊慌失措的歇斯<br>底里患者 | 病态性破坏<br>（病理学和<br>结果） | 关键词：歇斯底里<br>　　第九层级的7号人格者已经把外界可以让自己感到快乐的事情"消耗"殆尽了。他们无法再通过无节制地享乐活动来压抑积重难返的焦虑，于是陷入了歇斯底里的恐慌。他们耗费了几乎所有的精力来对抗潜意识里的焦虑、愧疚、恐惧、忧伤。他们悔不当初，却又觉得一切于事无补，身心饱受折磨。 |

## 8号人格的不健康发展层级

| 层级 | 特征 | 具体描述 |
|---|---|---|
| 第七层级：<br>亡命之徒 | 侵害<br>（对自己的和<br>别人的） | 关键词：残忍<br>　　第七层级的8号人格者因好斗而把身边几乎所有人都推向了自己的对立面。他们总觉得别人在跟自己作对，或是会离开自己，或是会针锋相对。这让他们把心中的战争不断升级，开始彻底选择不择手段取得胜利的丛林法则。他们抛弃法律与道德，不再遵循任何规则，而是冷酷专横地以暴力压榨他人，完全丧失了健康状态下的那种正直诚实、锄强扶弱的正义感。 |

（续表）

| 层级 | 特征 | 具体描述 |
|------|------|----------|
| 第八层级：<br>万能的自大狂 | 妄想和强迫<br>（思想和行动） | 关键词：狂怒<br>　　第八层级的8号人格者已经到了无法无天的地步。他们狂妄自大，通过惩罚与欺负弱小者来显示自己的权势，却又害怕被报复，于是陷入强迫性的自我保护之中。只要还没被击败，与现实脱节的他们就会极度膨胀，产生一种自己不可战胜、无所不能的错觉。 |
| 第九层级：<br>暴力破坏者 | 病态性破坏<br>（病理学和<br>结果） | 关键词：毁灭<br>　　第九层级的8号人格者终于意识到自己不得不面对日益聚集的反对力量，于是想在别人打败自己前先出手毁灭别人。健康状态下的8号人格在所有人格类型中最具有建设性，而神经质的8号人格在所有人格类型中最具有破坏性，堪称反社会人格。他们心中只有自己，看不到世界，为了保全自己会不惜破坏一切。 |

## 9号人格的不健康发展层级

| 层级 | 特征 | 具体描述 |
|------|------|----------|
| 第七层级：<br>拒不承认现实、<br>逆来顺受的人 | 侵害<br>（对自己的和别<br>人的） | 关键词：忽视一切<br>　　第七层级的9号人格者为了回避问题而变得铁石心肠，不肯面对现实，以维持内心平静的错觉。哪怕问题本来不严重且可以轻松解决，他们也无动于衷。健康状态下的9号人格者以开放心态著称，不健康状态的9号却会紧闭心门，不让别人走近自己。他们不仅疏离他人，也对自己不够关爱。他们常常压抑怒火，变得无精打采，提不起热情，凡事依赖他人。 |

（续表）

| 层级 | 特征 | 具体描述 |
|---|---|---|
| 第八层级：<br>抽离的机器人 | 妄想和强迫<br>（思想和行动） | 关键词：脱离现实<br>　　第八层级的9号人格者索性斩断了与一切事物的联系，仿佛一个麻木不仁的机器人。他们觉得人生只是一场噩梦，认为自己根本解决不了现实问题。他们并没意识到，自己对别人怀着满腔怒火，稍有不慎就会产生歇斯底里的爆发。他们既无法在外界获得庇护之所，也无法从内心获得安慰，只是通过不回应来逃避内心的焦虑与外部问题。 |
| 第九层级：<br>自暴自弃的幽灵 | 病态性破坏<br>（病理学和<br>结果） | 关键词：自暴自弃<br>　　第九层级的9号人格者很容易走向多重人格的紊乱状态，在潜意识里忘记自己是一个完整的人，把意识打散到多个人格碎片里。他们与过去的社交对象不再有任何联系，活在空想家的梦想中。他们曾经害怕失去他人，如今这个噩梦已经实现。更糟的是，自暴自弃的他们也和自己分离了，记不起真实的自己是什么样子的。 |

# 第十三章
## 应用问题——接纳自我，升华人格之美

　　九型人格心理学在现代社会的应用范围很广。无论是心理学研究领域，还是职业生涯指导、情感交流等实践领域，九型人格心理学都能帮我们更好地认清自己、了解他人。

　　不过，人们在应用九型人格心理学时最常见的问题是错判人格类型。不同的人格类型者通常会存在某些相似之处，若不仔细辨析其核心动机与世界观，很容易贴错人格类型号码。假如误判了自己的人格类型，就无法按照前面介绍的内容来升华自己的人格。

　　此外，每一种基本人格类型还存在解离方向与整合方向。解离方向意味着该人正在从健康状态或一般状态滑落到不健康状态。而整合方向标志着从较低的发展层级逐渐上升到更健康的发展层级，在保留基本人格优点的同时，也克服了基本人格的不足之处。如果不了解这些情况，九型人格心理学的应用就成了空谈。

# 关于人格类型的误判现象

> 阅前思考：为什么具有相同行为特征的人可能属于不同的人格类型？

九型人格理论实际上远不止九种基本人格和18个亚类型人格。若是结合不同发展层级等动态变化来分类，各种类型下属的子类型多达486个。不同的子类型中难免存在相似之处，但他们的精神内核迥异，行为细节上也有微妙的区别。所以，学习九型人格心理学时切记不要以一成不变的眼光来看待某种类型的特征，要注意分别不同的类型。最重要的是，每个类型的人有着不同的核心动机，无论表面上的行为多么相似，但本质上依然是不同的人。下面我们将简单分析一下各种人格类型的误判情况，以降低大家的误判率。

### 1号与2号的误判

1号人和2号人都乐于奉献，做事认真，道德感很强。但1号人的行为动机是基于某种原则（比如正义感），经常捍卫自己的底线和独立性，不希望别人随便插手自己的事情，而且不愿意向他人表达自己的正面情绪，愤怒、失望等负面情绪则能充分表达。2号人的奉献精神基于个人对爱的需要，希望与他人融合为密切的关系，能轻松地表达正面情绪，反而不善于表达负面情绪。

### 1号与3号的误判

1号人和3号人都有很好的组织纪律性，都希望能履行使命，都能把感情暂时放在任务之后。不过，1号人是精益求精的完美主义者，希望杜绝一切混乱和错误，重视标准和程序，内心受到强烈的道德感驱使，会对完不成目标感到自责。3号人则是结果至上的功利主义者，更在意结果而非过程，若是目标难以完成就会灵活改变策略。

### 1号与4号的误判

1号人和4号人都有完美主义情结，经常为别人的粗心而发怒，很容易被当成吹毛求疵者。当1号人感觉抑郁和被排斥时，会误以为自己是4号人，把注意力都聚集于4号人的不健康特征上。但1号人的情绪低落是因为把责任放在首位而忽视了情感，他们不会长时间沉溺于感情问题中。4号人则会优先安顿好感情，然后才会履行自己的责任。

### 1号与5号的误判

主1翼9的1号人作风酷似5号人，都热爱思考并且疏离人群。但两者依然存在显著的区别。1号人的思考重视定性与价值判断，强调应该怎么做，只对那些能产生结果的想法感兴趣。5号人的思考则是更纯粹的精神活动，并不太在意价值判断，而是更关心世界的运行方式。1号人的思考是演绎式的，目的是为了验证自己的想法是否正确，以便于指导实践。5号人的思考是归纳式的，目的只是从已知情报中总结出新理论。

### 1号与6号的误判

1号人和6号人的行事风格都严肃认真，都喜欢对生活做出详细的规划，在做出违规行为时都会产生强烈的负罪感。不同的是，1号人屈从于超我和理想，在违背理想时会产生负罪感；6号人屈从于超我和别人的需要，在背叛承诺和权威时产生负罪感。此外，1号人对任何事情都有明确的主见，具备不带感情色彩的自控能力。6号人则缺乏主见，需要借助外界的认可来同自己反复无常的情绪做斗争。

### 1号与7号的误判

1号人基本不会把自己误判为7号，但7号人偶尔会出现这种情况。假如7号人长期处于重压之下会变得追求完美与秩序，但他们不会像1号人那样压抑自己的冲动，并且严格约束自己。

此外，两者皆有理想主义情怀，只是7号人对世界持乐观态度，1号人会因为标准过高而对世界感到失望。7号人酷爱冒险，时常临时改变计划。1号人则比较讨厌事情偏离轨道。

### 1号与8号的误判

1号人与8号人都有强烈的意志，为人处世的态度非常鲜明，都关注公正性。但是1号人是站在道德的高度来说服别人接受"正确"的观点，如果遭到拒绝就会发怒。8号人则是以自己的信心和个人魅力来改变对方的观点，更多是为了驱使对方而非改造对方。

此外，1号人的正义感源于对公正无私精神的信仰，8号人维护公正只是因为看到弱小被伤害时产生的打抱不平的本能。

### 1号与9号的误判

1号人与9号人都有理想主义色彩，喜欢思辨，性格内倾，也都不喜欢生气。两者的翼型较为强大时则很容易被混淆。但是，9号人通常不喜欢卷入争端，即便固执己见也不是通过争辩来坚持自我。1号人则视原则为生命，会极力说服对方接受自己的观点。9号人虽工作努力，但不喜欢过于紧张的节奏，需要享受闲暇的时间。1号人则是彻底的工作狂，倘若不能创造价值会给他们带来负罪感。

### 2号与3号的误判

2号人与3号人都能给大家带来富有魅力的印象，尤其是主2翼3型人与主3翼2型人容易被混淆，但两者存在很大区别。2号人是通过取悦他人来赢得对方的亲近，虽有野心但不想做得太自私，且容易动感情。3号人则是通过展现完美的自我形象来吸引对方，骨子里害怕亲密的关系，而且不容易流露真情。

### 2号与4号的误判

2号人与4号人都属于情感三元组，但只有在较为特殊的情况下才会混淆。比如，2号人经历情绪低落期时会感到沮丧，误以为自己是4号。4号人若是生长在作风传统的家庭中则可能会误以为自己是2号。但2号人更喜欢主动与他人构建亲密关系，在意他人的感受而忽略自己的情感需要。4号人则希望别人主动靠近自己，非常了解自己的内心感受，但意识不到自己对其他人造成的影响。

### 2号与5号的误判

2号人与5号人几乎是相互对立的。2号人情感外倾，以人际关系为导向，感到被人拒绝时会试图说服对方，喜欢感情用事。5号人的情感比较内倾，堪称九型人格中真正的孤独者，被人拒绝时会远离人群来避免伤害，由于思维高度理性而非常厌恶感情用事。但疏远社交的5号人往往会非常信任和依赖几个特定的重要伙伴，他们对这些伙伴的态度可能会被误认为是2号人。

### 2号与6号的误判

2号人与6号人经常被误判，因为他们都很热情并渴望得到人们的喜爱，乐于取悦他人。但不同的是，2号人希望被对方作为重要的人来爱戴，取悦他人的方式是不动声色地展现给予者的潜在优越感，以广撒网的方式来撒播感情。6号人则希望得到对方的肯定与支持，取悦他人的方式是玩笑与假装笨拙，但只选择一定的目标对象来建立伙伴关系。此外，2号人没有6号人的焦虑和多疑，也不会向权威寻求答案，而是把自己作为替人解惑的权威。

### 2号与7号的误判

2号人与7号人因情绪化和歇斯底里而容易被误判。但2号人的情感与自我意识及人际互动密切相关，感情持续比较久。7号人的情绪表达方式十分戏剧化，感情持续较短，且反复无常。相对而言，2号人的情绪变化会比7号人慢一拍。两种类型都享受社交，但2号人希望自己成为介入对方生活的好朋友，希望被对方依赖；而7号人并不打算介入对方的生活，对依赖自己的人很不耐烦。

### 2号与8号的误判

2号人和8号人一样有喜欢强迫和操控的特点，自我意识都十分强烈，从而导致被混淆。但是，8号人在交往中会不遮不掩地表达自己的愤怒和失望，2号人则会以"爱"来包裹自己潜在的攻击性与强迫性，很少公开表达不满。8号人在不满升级的时候会威胁对方屈服，2号人则会夸张地展示自己受到的伤害，让对方背上负罪感。这是因为8号人是为了自我保护而控制他人，2号人追求的则是不让他人离开自己。

### 2号与9号的误判

2号人与9号人都有先人后己的奉献精神，喜欢保持积极的状态。这使得一些9号人会误以为充满爱心的自己是2号人。事实上，两者表达爱的方式大相径庭。9号人缺乏自我意识，不爱抛头露面，乐于支持他人但不需要引起对方注意，也不求回报，有时还会把对方理想化。2号人的自我意识很强，富有同情心但缺乏9号的谦卑和随和，喜欢高调宣扬自己的美德。2号人希望换回他人的爱与支持，9号人则不喜欢操纵人，会给对方留够自由的空间。

### 3号与4号的误判

3号人如果成长于艺术家庭，就可能会误认为自己是4号人，因为他们以为只有4号人才具有艺术细胞，然而这是一个误判。两者之间的区别还是很大的。3号人以任务为重，重视效率，会先把感情放在一边，甚至将其作为绊脚石。4号人则与之相反，虽然也希望完成任务，但肯定会先把感情问题处理完毕再回来工作。这种做法在3号人眼中是不专业、不成熟的表现。4号人则认为3号人不顾一切地追求成功是虚伪的表现。

### 3号与5号的误判

3号人如果学问丰富的话，就可能会误以为自己是5号人。5号人则不会把自己错当成3号人。因为双方的思维方式与思考对象区别很大。3号人是目标导向型，是为了获得某种结果而追求学问，真正让他们感到兴奋的是公众的认可。5号人则是过程导向型，并不在乎是否出结果，只是为了纯粹地吸收知识和构建新观点。所以，善于交际的3号人会对自己的成果津津乐道，而5号人对此则守口如瓶。

### 3号与6号的误判

3号人和6号人都很重视工作和表现，但两者很少会被混淆。因为3号人虽也与人合作，但希望自己成为表现更突出的佼佼者，最好能成为大家的焦点。6号人虽然喜欢与人合作，但不喜欢成为焦点，其努力的动机不是出人头地，而是显示自己的可靠性并以此建立安全感。此外，3号人往往会塑造一种冷酷矜持的形象，6号人则会表达出变化无常的强烈情感。

### 3号与7号的误判

3号人和7号人都乐于追求财富和地位，喜欢成功的感觉，还都有自恋倾向，从而容易被误判。但两者的动机差别很大。3号人想通过社会地位来证明自己的价值，7号人则是希望以占有身外之物的方式来证明自我的存在。7号人喜欢寻求各种各样令人激动的经历，这样才能让他们感到快乐。3号人进行同样的旅行时，则是将其视为一种可以向其他人炫耀的成功象征，乐趣并非他们的关注重点。此外，3号人是真正的自恋者，以自我为中心。7号人虽然可能有自私、自我中心的成分，但并非真正的自恋狂，只是不愿为了他人的看法而刻意打造自身形象罢了。

### 3号与8号的误判

3号人与8号人有着勃勃雄心，争强好胜，渴望成功，都想成为人上人。但不同的是，高度自信的8号人希望他人主动为自己让路，奋斗目标是控制支配权而非表面上的社会地位。3号人可能因此误以为自己是8号人。8号人希望世界按照自己的想法来运作，赢得权力和荣誉对他们来说最为重要。但3号人追求的成就感更多是一种被大众认可的价值，而非实际的权力。因此，8号人通常不在乎他人的态度，3号人则会根据他人的态度来塑造自我形象。

### 3号与9号的误判

3号人和9号人都有很强的环境适应力，并且都希望被他人所接受，故而容易混淆彼此。不过，两者的区别依然很明显。3号人对待事情的态度十分积极主动，一开始就抱着获得成功的念头来做事，往往让自己忙得连轴转。性格消极的9号人就算取得令人瞩目的成就，往往也是被朋友家人不断鞭策的结果。而且他们喜欢放松自己，不像3号人那样希望变得引人注目。

### 4号与5号的误判

4号人和5号人都有个人化倾向，偏离主流文化标准，创造力比较突出，故而容易被弄混。当5号人自认为感情深沉时会假设自己是感情优先的4号人。5号人通常被视为严谨的科学家型人物，与4号代表的艺术家截然不同。但事实上，5号人中也有很多艺术家，只不过他们与4号人的创作风格差别很大。4号人的创作立足于表达丰富的主观感受，重在抒发情感；5号人的创作则是对现实生活的反映，重在揭示事物的真相。

### 4号与6号的误判

4号人和6号人十分相似但又有明显区别。6号人会留意他人的感情，比较容易接近并建立信任关系。4号人则不喜欢与别人走得太近，只在乎自己内心的情感，所以往往觉得自己很孤独。不过，当6号人意识到自己的自卑和无助时，可能就会产生自己是4号人的错觉。其实，6号人的沮丧情绪源于被压抑的焦虑，4号人的沮丧情绪则源于被压抑的憎恨，两者之间存在根本区别。

### 4号与7号的误判

4号人和7号人差别极大，一般不容易误判，但两者均有比较明显的极端倾向，且都喜欢精致贵重之物，于是容易造成误判。不同的是，7号人会在物质方面走入极端，一旦得到了想要的东西就会很快失去兴趣，转而追逐新的东西。4号人则是在精神层面表现出极端，非常的自我放纵，沉溺于自己的狂想之中，对精美事物的喜欢也只是因为它能唤醒自己内心的感情。

### 4号与8号的误判

4号人和8号人并不容易混淆，但偶尔会发生8号人误以为自己是4号的情况。因为他们具有强烈的感情，也会因为童年遭遇过的伤害而认同4号人的孤独感。然而，他们处理感情的方式则与4号人截然相反。他们通过让自己变得坚强来摆脱阴影，保持独立性和权威性。4号人则不想摆脱童年阴影，也觉得自己无法摆脱。8号人会把自己内心的脆弱看作是缺乏责任感的自我放纵，4号人则会展现自己的脆弱，低估自己实际上的坚强程度和适应力。

### 4号与9号的误判

4号人和9号人性格都比较孤僻，并且想象力都很丰富，因此引起误判。两者的区别是，9号人擅长在现实世界的基础上虚构一个美妙的幻想世界，借助幻想来满足自己对安全性的需求；4号人则喜欢创作个人色彩更浓厚的现实题材，试图从对悲伤的解读中获得救赎。此外，4号人喜欢不断咀嚼自己的伤痛，品味着负面情绪；而9号人则想把一切负面情绪都拒之门外，以免破坏内心的安宁。

### 5号与6号的误判

5号人和6号人都属于思维三元组，有时候会出现6号人误认为自己是5号人的情况。不过，5号人思维方式比较复杂，热衷于发现现有理论的漏洞，更喜欢研究具有颠覆性的新知识，做决策时只信任自己的想法。6号人则更擅长线性思维与情报分析，喜欢寻找一个值得信赖的权威来确认自己的结论是否正确。

### 5号与7号的误判

5号人和7号人差别很大，但由于同属思维三元组，因此他们都具有好奇心强、富有探索精神、乐于了解新事物、搜集信息、容易紧张和神经质等共同点。不过，5号人更加孤僻内倾，会花费大量时间和精力专注地做一件事，且完全不觉得枯燥。7号人则更喜欢活跃的社交场合，视野相对开阔，但很难长时间保持注意力集中。此外，7号是九型人格中最乐观的类型，总是回避阴暗的话题。而5号人则更容易洞察这个世界中不那么好的东西。

### 5号与8号的误判

5号人和8号人都把自己看成群体之外的人，容易感觉自己被排斥，都非常独立自主，且喜欢直接的交往方式，都想保护自己脆弱的一面。所以，8号人在重压之下会向5号转化，误以为自己是5号人。可是，8号人自信心更强，更善于直面需要处理的问题，也喜欢行动。5号人则更容易在问题面前退缩，喜欢精神活动，而不太愿意动手去做。

### 5号与9号的误判

有些学问渊博的9号人会误以为自己是5号人。这与9号在所有人格类型中最难给自己定位有关，因为他们的自我意识最模糊，很容易轻信他人的看法。不过，9号人会因不能确定自己的类型而感到烦恼。为了保持心情愉快，他们宁可"难得糊涂"，做个随和包容的平凡人。5号人则不然，容易怀疑别人，以紧张、好辩的姿态来表达自己不平凡的想法。9号人希望通过忘我来融入世界，5号人则希望以智慧来控制世界。

### 6号与7号的误判

6号人和7号人同属于思维三元组，都被焦虑感驱使着，但两者的应对方式大相径庭。6号人对焦虑感到烦恼，从而变得更加焦虑，既怀疑自己也怀疑别人，内心越来越悲观。7号人则是极端的乐观主义者，通过把精力分散在各种有趣的东西上来稀释焦虑，并且极力避免自我怀疑。因此，6号人会始终记住灵魂中的阴暗面，以强烈的责任心来抗衡；而7号人会否定阴暗面的存在，行事自由散漫，多少有些冲动。

### 6号与8号的误判

6号人和8号人都有攻击性，特别是在第六层级下的两者都会表现出相似的急躁、好斗的暴力倾向。但是，8号人本身就具有彻底的攻击性人格特征，会以强大的自我意志来给对方施加压力，斗争是为了驱使别人。6号人变得好斗只是因为不想被别人驱使，担心自己变得依赖性过强。所以，6号人在压力强大到一定程度后会选择屈服，8号人则会一直强硬地战斗下去，最终变得狂妄自大。

### 6号与9号的误判

6号人和9号人经常被混淆，因为他们都态度谦逊并以家庭为重，希望维持现状和安全感。但两者的区别也非常明显。9号人喜欢稳步发展，以淡定轻松的姿态生活，保持内心的平和。6号人则容易受外部影响而变得惊慌失措，需要不断向他人倾诉自己内心的忧虑和不安。9号人遇到难题时依然在表面上显得无动于衷，容易相信他人。6号人则会对各种不明确的情况心存疑虑，不断考验他人。

### 7号与8号的误判

7号人和8号人都是具有攻击性的性格类型，个性要强且努力追求自己想要的生活，但目标和追求的方式差异鲜明。7号人的兴趣在于获得更加丰富多样的体验；8号人则不那么在乎经历的丰富性，而更喜欢加强体验的深度。7号人平时没什么权力欲望，除非自由受到侵犯。8号人的权力欲望则是所有人格类型中最强的。7号人属于思维三元组，更喜欢想点子，自认为是理想化的乐观主义者。8号人属于本能三元组，更喜欢行动，自认为是讲究实际的现实主义者。

### 7号与9号的误判

7号人和9号人都显得非常忙碌，而且都喜欢压抑内心的阴暗面。但7号人这样做是为了抵消内心中可能产生的悲伤和焦虑，9号人则是为了维护自己在公众眼里的形象。当9号人处理外界事物时，可能会被误认为7号人。但他们追求的快乐是平静的满足感，不喜欢太过刺激。7号人则喜欢大起大落的刺激，追求的快乐是呼之欲出的兴奋感。

### 8号与9号的误判

主8翼9型人有时候会被当成主9翼8型人，但这种误判也十分少见。因为8号人明显喜欢主动挑衅，通过制造冲突来展示力量和精力。9号人则非常不喜欢与人发生冲突，甚至会为了维持表面上的和平而违心地迎合对方的观点。

# 让你越发不健康的解离方向

阅前思考：什么是九型人格的解离方向？

按照九型人格心理学理论的说法，每一种人格类型都存在自己的解离方向。解离指的是该人格类型在重压之下开始表现出另一种人格类型的一般或不健康状态的特征，让自己无从解决心灵中最需要处理的矛盾。

九型人格向解离方向转化的顺序为：

1-4-2-8-5-7-1

9-6-3-9

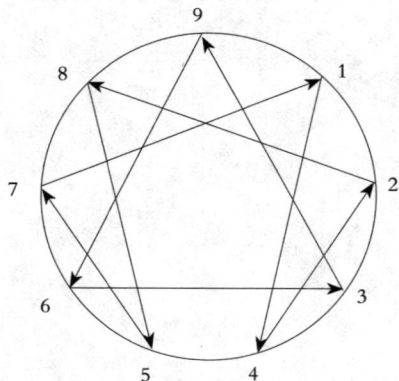

这是九型人格发展机制中的消极变化路径，各人格类型的具体解离方向及其特征见下表。

| 人格类型 | 解离方向 | 特征 |
| --- | --- | --- |
| 1号人格 | 4号人格 | 一般状态下的1号也许是所有基本性格类型中对自己要求最严且自制力最强的类型。但他们潜意识里想摆脱重压，也想找机会放松一下。于是他们会因压力增大而逐渐表现出一般或不健康状态下的4号人格者的某些特征，比如性格变得多愁善感、自我意识过剩、越来越感情用事等。更糟的是，他们为了摆脱严苛的"超我"会暗地里违背自己曾经遵守的德行和秩序。这终将会冲垮他们的心理防线，让他们意识到自己从审判者沦为了被审判的对象，导致内心完全崩溃。 |
| 2号人格 | 8号人格 | 2号人格者渴望被需要，极力想成为别人生活中不可或缺的角色。他们面对压力和不幸时，会开始出现8号人格者那种自吹自擂、控制欲强的特征。他们会通过威胁的方式迫使对方待在自己掌控的范围内，热情与友善的伪装逐渐转化为愤怒和敌意。他们感受不到自身的攻击性情绪，依然深信自己还是在真诚地替别人着想。由于无法恰当地处理这种破坏性冲动，他们的暴力倾向会与日俱增，最终会因爱生恨，进而无情地攻击那些没有接受自己"好意"的人。 |
| 3号人格 | 9号人格 | 3号人格者好胜心强，凡事都想取得最好成绩，但成功路上困难重重让他们不堪重负，开始朝9号人格的方向转化，以求摆脱无休止的活动。他们处于自己不喜欢的环境中，却身不由己。他们因否认自身的欲望而感到压力倍增，为求解脱而把自己的注意力从活动中抽离出来。随着9号人格的特征越发明显，他们一反勤奋的常态，不再专注于任何东西，也懒得对事务做出回应。他们会从自我欺骗转为彻底的自我怀疑，丧失原先的奋斗目标，茫然不知所措。 |

（续表）

| 人格类型 | 解离方向 | 特征 |
|---|---|---|
| 4号人格 | 2号人格 | 处于压力下的4号人格者会向2号人格的方向转化。一般状态下的4号会选择疏离人群，但为了克服这种疏离，他们会去寻找一个爱自己的人。这使得他们把更多的注意力聚焦于浪漫的幻想中，从而忽略现实中的人与事。他们的自我意识超强，害怕被抛弃，总是依附着别人，希望通过各种方式让自己"被需要"。他们渴望对方把自己视为一个被埋没的不世天才，事实上却只是沉浸在幻想中。这会让他们越来越神经质，走向自我憎恨与病态，对自己和他人产生攻击冲动。 |
| 5号人格 | 7号人格 | 5号人格者倾向于远离社交活动，害怕进入生活的角斗场，喜欢通过积累知识来提供自我保护。与此同时，他们渴望拥有7号人格者那种丰富多彩的、永不停息的心灵特质。他们在压力下朝着7号人格转化，投身多种与自己的核心目标无关的活动。但他们也变得越来越孤立，把人际交往视为一种威胁，从而切断了释放内心压力的出口。当5号人格者试图像7号人格者那样通过享乐来逃避现实时，反而会让自己感到更加无力，最终失去引以为荣的理性，变得歇斯底里，变得毫无判断力与思考能力。 |
| 6号人格 | 3号人格 | 6号人格者在一般状态下被自我怀疑与不安全感所折磨。越来越多的压力让一直努力履行责任和义务的6号人格者感到不堪重负，开始对环境和同盟产生矛盾的情感。他们害怕被离弃，于是装出一副亲和而自信的样子，骨子里却依然自卑。为了补偿这种自卑感，他们会高估自身的能力与成就，而他人没及时认可这点时，他们又会变得充满敌意。随着自身的安全感的逐渐缺失，他们会变得表里不一，甚至会无情地攻击别人。 |
| 7号人格 | 1号人格 | 7号人格者想要自由地追求自己感兴趣的东西，并且意识到只有集中精力才能更好地享受快乐。于是他们开始像1号人格者那样进行自我约束，但又很快觉得自己的活动被束缚，结果引发更多的反弹。他们强迫自己一直以行动来追求更多可能性。这种做法反倒让7号人格者感到更加焦虑，因为那并非自己真心想投入的活动，似乎还让令人开心的东西悄悄从身边溜走。随着压力的上升，他们会变得跟1号一样挑剔，对周围的环境越来越苛求完美。 |

（续表）

| 人格类型 | 解离方向 | 特征 |
|---|---|---|
| 8号人格 | 5号人格 | 8号人格者发现自己的冲动决策带来了很多麻烦时，会朝着5号人格的方向转化，突然退回来收集信息、积累资源，通过变得更有远见、更狡猾来维持自己的权力和地位。这使得他们开始变得情感冷漠，越来越不善于交流，倾向于疏远朋友与社交活动，以免他人看穿自己。不健康状态下的5号人格者的那种排斥主流价值观的特点会出现在不健康状态下的8号人格者的身上，导致他们变得更加反社会和离群索居。他们会因与日俱增的恐惧感和孤独感而变得神经质，退化到不堪一击的地步。 |
| 9号人格 | 6号人格 | 当周围环境给9号人格者的压力过大时，他们会变得像6号人格者那样缺乏安全感，无法维持内心的平衡与安宁。他们忙于顺从别人的愿望，一味屈从于人，无视自己的问题，以求减少冲突。尽管他们希望稳定周围的环境与人际关系，但这实际上是被焦虑情绪推着走。9号人格者为了维持内心的安宁，怀着与世无争的"好梦"。一旦有人打扰，他们就会像6号人格者那样做出攻击性的反应。由于内心的茫然，他们会滑向不健康状态，完全爆发压抑已久的焦虑与躲避多时的情感。 |

# 实现自我成长的整合方向

阅前思考：什么是九型人格的整合方向？

按照九型人格心理学理论的说法，每一种人格类型都存在自己的整合方向。整合指的是该人格类型开始融合另一个人格类型在健康状态下的生命潜能，让自己获得更充分、更全面的成长。

九型人格向整合方向转化的顺序是：

$$1-7-5-8-2-4-1$$
$$9-3-6-9$$

**心理学格言**

要想获得更完整的自我图像，不仅要考虑基本类型和翼型，而且要考虑整合方向和解离方向的两种类型。

——唐·理查德·里索

从根本上说，我们的目标是要让九型人格整个动起来，整合每一类型象征的东西，直至能整合所有类型的健康潜能。

——唐·理查德·里索

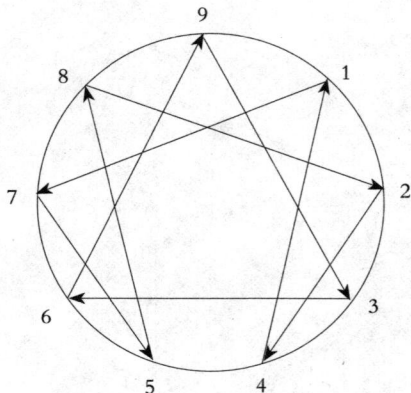

这是九型人格发展机制中的积极变化路径，各种人格类型的具体解离方向及其特征见下表。

| 人格类型 | 整合方向 | 特征 |
|---|---|---|
| 1号人格 | 7号人格 | 1号人格者对自己的情绪与本能冲动控制得过分严苛，7号人格者以放松心态来享受人生的做法很值得他们学习。1号人格者的苛刻源于对自己和现实缺乏信任，当他们整合了7号的能量时就会意识到，享受快乐也是合乎情理的做法，并不一定会让自己变得堕落。这将使得他们不断朝着更为健康的层级进化，不再事事求全责备，能包容自己、他人以及世界的不完美，以更灵活的手段来贯彻自己的原则与信仰。随着精神的放松，健康状态下的1号人格者的工作效率反而更高，也能自然得体地表达自己的情绪，而不再一味压抑真实的自我。 |
| 2号人格 | 4号人格 | 2号人格者主要的问题是不肯承认自己的负面情感。当健康状态下的2号人格者向4号人格的方向转变时，他们的自省意识会增强，并且能像接受正面情感那样坦然接受自己的负面情感。当然，这并不意味着他们放弃了以正面情感为行动依据的本质。2号人格者经过这种整合后，能无条件地接纳自己，于是对他人也能付出比过去更加深厚的感情。他们不再是为了索取爱而付出爱，而是无私地去关爱他人。他们洞察对方需要的能力也随着反省意识的增强而进一步得到提高。 |
| 3号人格 | 6号人格 | 3号人格者深信只有自己的形象与才能是有价值的，认为真实的自我太过脆弱，缺乏价值。但健康状态下的3号人格者向6号人格的方向发展时，会获得献身于某个人或某件事的新品质。因为经过整合后的他们发现，自己的价值并不会因为成为更伟大的东西的一部分而削弱。这份献身精神让3号人格者学会了正视自己脆弱而真实的一面，敢于做出过去不敢做的事。他们不再争强好胜，热衷于塑造形象，而是真正体验到自己的价值，能以无私奉献的品质获得更多的支持与成就。 |

（续表）

| 人格类型 | 整合方向 | 特征 |
|---|---|---|
| 4号人格 | 1号人格 | 　　当4号人格者处于非常健康的状态时会朝着1号人格的方向发展。他们把自己从自我陶醉状态中解放出来，不再单凭感情用事，而是学会了依靠信念和原则来做事，正如最强调原则性与自我规范的1号人格者。他们把自己从纯粹的主观世界带入了客观世界，学会服从现实和良心，而不再片面地逃避道德与责任。这使得他们的直觉因判断力的增强而得到了很好的提升，行动力也随之强化。4号经过整合后，将获得真正的自尊，在艺术创作中深刻地反映事物的真实本质。 |
| 5号人格 | 8号人格 | 　　5号人格者最大的问题是总觉得自己知道得太少而不敢行动，因为内心的安全感还不够多。但健康状态下的5号会向8号人格的方向发展，不再只是单纯的观察世界，也意识到自己已经比其他人掌握的知识更多了。他们已经领悟到，在尚未绝对弄清每件事之前就可以采取一定的行动了。尽管并非无所不知，但经过整合后的5号不仅对事情有独到而深刻的理解，还像8号人格者那样敢于行动，成为指引众人前进的先驱。 |
| 6号人格 | 9号人格 | 　　6号人格者最大的问题是内心的焦虑与对他人的矛盾情感，克服这个问题的最佳办法正是朝着9号人格的方向发展。经过整合后的6号人格者将不再内心纠结，变得情绪稳定、态度平和，对待别人更有同情心。他们的内心已经获得了安全感，能够信任自己和信任他人，随着胸襟越来越开阔也变得不再生性多疑。原本风趣幽默的他们增加了9号人格者的豁达、乐观等特质，不仅更成熟，也更容易相处。他们已经不再靠依赖或反抗权威来立足，而是真正成为独立自主且受人信赖之人。 |
| 7号人格 | 5号人格 | 　　当7号人格者向5号人格方向发展时，会达到一种心灵平衡状态，从而再也不怕自己的快乐会被剥夺。他们的注意力重心从当下的快乐转移到了外部世界，开始意识到世界并不为个人享乐而存在。他们既是世界的消费者也是思想者，不再以纵情享乐来逃避现实，而是像5号人格那样专注而深刻地洞察现实，更好地发扬自己的经验。经过整合后的7号人格者在保持热情开朗的同时，还会获得更好的创造力，对一切事物都保持着好奇心，强烈地感受到生命的伟大与惊喜。 |

（续表）

| 人格类型 | 整合方向 | 特征 |
|---|---|---|
| 8号人格 | 2号人格 | 8号人格者在健康状态下会朝着2号人格的方向发展，学会以开放的胸襟海纳百川，而不是追求支配他人。他们慷慨大度，会运用手中的权力来扶助那些需要帮助的人。而且他们已经收敛了高傲之心，把别人视为人格平等的独立个体。经过整合的8号人格者会像2号人格者一样博爱，具有悲天悯人的同情心与助人为乐的侠义精神。他们不再只关心一己私利，而是将大众的福祉作为自己的使命。这让他们拥有了更为高尚而伟大的力量，让大众将其视为仁慈而勇敢的英雄伟人。 |
| 9号人格 | 3号人格 | 当9号人格者向3号人格发展时，会转变自己原先以自律为根本的策略，决定最大限度地发扬自身的天赋。他们不再被动地随波逐流，也不再害怕改变，而是以健康、平衡的内心为指引，积极主动地为自己而活，为自己而开拓进取。他们的平和感空前强大，不再担心展现自我会引发破坏冲动。这时9号人格者不再通过舍弃自我和贬低自我来迎合他人，而是以真正的自我来展示个人魅力。令人惊讶的是，这种状态下的9号人格者比以往更加有趣且富有弹性，反而能吸引他人主动顺应自己。 |

# 给不同类型人的忠告

### 给1号完美者的忠告

1号完美主义者害怕失去对自己的控制，担心自己不完美就会失去立足的资格。这使得他们经常被紧张和焦虑折磨。所以，1号人格者应当在以下方面做出改善：

◎把心中的严苛标准放宽一点，不要强迫自己去做事，学会顺其自然。

◎不要把工作安排得太满，那会让你缺乏足够的时间来思考自己真正需要的东西。

◎学会适度妥协和接受不同意见，世界是复杂多样的，并不只有唯一正确的答案。

◎运用想象力来化解愤怒情绪，而不是先极力克制情绪再喷薄而出。

◎不能为了保持内心的平衡而不停地抱怨他人，这只是在折磨自己。

◎重视细节是个优点，但过于纠缠细节会导致"只见树木不见森林"等问题。

◎常怀自省之心，但不能动辄对自己进行无情地批判，因为这反而会阻碍真正的自我完善。

---

**心理学格言**

我们的理想就是要成为一个平衡的、充分发挥潜力的人，九型人格的每个类型都象征了我们为达成这一目标所需的各种重要因素。

——唐·理查德·里索

你应当把你的人格类型作为起点，成长为一个经过整合的、更完美的人。

——唐·理查德·里索

◎弄清楚自己"想要"做什么，而不仅仅把注意力放在自己"应该"做什么。

◎接纳自己、他人以及现实生活中的不完美，多多寻找让你感到快乐的东西。

**给2号帮助者的忠告**

2号帮助者面临的问题基本上都源于情感关系。他们渴望得到爱，担心自己的付出得不到回应。这使得他们在不知不觉中从助人为乐的热心人变成粗暴干涉对方生活的监控者。所以，2号人格者应当从以下方面改善自己：

◎要察觉到自己潜在的控制欲较强这一事实，不要过分干预他人的生活，那不是真爱。

◎正确认识自己对别人的价值，不可过分夸大自己的重要性，也不可自甘卑微。

◎最初的情感反应有可能是人们掩饰真实感情的面具，应当注意人们的其他反应。

◎假如自己开始希望表现得无助时，应该警醒一些，反思自己是否进入了不健康状态。

◎不应幻想通过奉承就能笼络他人，而且奉承他人可能会让你的焦虑加重，得不偿失。

◎当你开始希望变成另一个人时，这可能与真正的爱相差甚远。

◎认识到自己的负面情绪也是真实自我的一部分，接纳完整的自我才能真正获得安全感。

◎不应以回报为前提来付出爱，应该相信独立的人际关系并不会让爱逃走。

◎学会忽视自己的善行，不要强求对方对你感恩戴德。

**给3号成就者的忠告**

3号成就者害怕被人们看不起，担心自己在竞争中失败，从而沦为舆论的笑柄。这使得他们很容易在追逐成功的途中丧失真实的自我，并在挫败中一蹶不振。所以，3号人格者应当从以下方面改善自己：

◎不要总是急匆匆赶路，应该学会停下来，思考自己到底是谁，到底想要什么。

◎不要沦为满脑子只有工作的加班机器，要诚实地面对自己搁置已久的情感。

◎明白自己的公众形象和真实的自我不完全是一回事，别让自己沉溺于塑造虚假的公众形象上。

◎不要把别人当成离开你就不行的笨蛋，以免过分高估自己的能力和贡献。

◎当你感到困惑时，最好及时停下手头的工作，确认自己内心的真实想法与感受。

◎不要急于求成，用外在的"成功"取代自己其他的真实需求。

◎当被别人批评时，不要觉得自己劳苦功高就有豁免特权。

◎不要用幻想中的成功来代替脚踏实地的努力。

◎遇到困难时不要通过跳槽来逃避，更不要抱怨那些对你提出中肯批评的人。

### 给4号浪漫主义者的忠告

4号浪漫主义者总是觉得自己性格中存在致命缺陷，担心自己会因为过于平凡而被替代。这使得他们倾向于在极度亢奋和极度抑郁两个极端状态中摇摆，以求找到与众不同的自我，最终被抑郁和痛苦所折磨。所以，4号人格者应当从以下方面改善自己：

◎学会把注意力从远方放回眼前，养成善始善终的习惯。

◎培养多种兴趣爱好，结交不同的朋友，把自己的注意力从自怜自艾中转移出来。

◎坦然接受早年的缺失，在宣泄了悲伤情绪后就将其搁置一边。

◎当你感觉自己的情绪产生强烈变化时，要适当将注意力转移到别的地方，以免过分沉溺于情绪当中。

◎不要用浪漫的幻想来逃避摆在眼前的问题。

◎学会怎样辨别自己的强烈情绪与真实感情，不再把两者混为一谈。

◎不要把自己的痛苦胡乱归罪于他人，也不要总是觉得自己生来就是受害者。

◎与其刻意用快乐来掩盖负面情绪，不如坦然接受伤感，让被压抑的情绪真正过去。

◎充分运用自己善于感受他人痛苦的长处，但不要只看着眼前的负面因素。

**给5号探索者的忠告**

5号探索者害怕私人空间被侵犯，担心自己的时间和精力浪费在处理人际关系上。他们同时也害怕无法通过吸收大量知识来安抚心中的不安全感。这使得他们变得越来越孤独，对社交关系感到苦恼。所以，5号人格者应当从以下方面改善自己：

◎不要用理性分析完全取代情感体验，两者都不可或缺且无法相互替代。

◎不要用精神思考代替亲身实践，很多经验教训只有在行动之后才会被察觉到。

◎学会从自己的特殊研究中受益，将成果公之于众，而不仅仅是将其埋没在思考游戏当中。

◎学会表达自己的情感以及接受他人的情感，不再一味逃避他人的情感需求。

◎不要吝啬给予，要学会与大家分享。

◎不要坐等天赐良机，要学会主动出击。

◎用心观察自己与他人在一起的感受，将其与独处的感受进行比较，你会意识到平时忽略的东西。

◎你虽然不是全知全能，但已经比一般人知道得更多，不要过于贪婪。

◎不要自以为高人一等，应该学会与人合作。

### 给6号疑惑者的忠告

6号疑惑者害怕生活中的一切不确定因素，担心自己受骗上当或遭遇失败。这使得他们总是充满焦虑和不安，被想象中的威胁吓到。所以，6号人格者应当从以下方面改善自己：

◎寻找一个值得信赖的朋友，告诉他自己内心的恐惧。

◎用现实来验证自己的焦虑是不是有点杞人忧天。

◎当对方表现出某种敌意时，先检查一下自己是否率先向对方表现出进攻倾向。

◎不要在大脑中突出对方的缺点，不要总是询问对方的态度。

◎不要总是要求所有人都始终保持言行一致。

◎不要把别人都看不守信用、不可靠的人。

◎不要只回想那些糟糕的回忆，多想想让自己感到快乐的事。

◎把自己的想象力发挥到好的方面，而不是专注于自我怀疑。

◎别把改变的过程弄得过于复杂，相信自己能摆平一切麻烦，事情其实比你想象得简单。

### 给7号享乐者的忠告

7号享乐主义者害怕快乐的感觉突然被剥夺掉，担心自己错过身边多种美好事物。这使得他们热衷于追逐享乐，但内心中越来越疲惫空虚。所以，7号人格者应当从以下方面改善自己：

◎学会直面痛苦，直到真正发现问题。

◎避免做过多的计划和参加过多的活动，那只是你逃避现实的手段。

◎不要用想象去感受痛苦，而是接受真实的体验。

◎不要总是虎头蛇尾，要学会对重要的事情许下承诺。

◎不要总是觉得自己有获得特殊待遇的特权。

◎学会正确地评估自己，不要怕别人质疑，也不要自以为高人一等。

◎认识到自己在用虚构故事来逃避现实，只是沉溺于表面上的快乐，内心并不充实。

◎明白自己背负的责任，意识到年龄增长和成熟的价值。

◎学会在没有其他选择时保持淡定。

### 给8号挑战者的忠告

8号挑战者害怕表现自己脆弱柔软的一面，担心自己会因此被外人控制。这使得他们以故作强硬的方式来维护自己的强大形象，内心却被与日俱增的不安全感所折磨。所以，8号人格者应当从以下方面来改善自己：

◎把斗争看作发展信任的一种方式。

◎不要把别人简单地划分为朋友或敌人，允许他人持不同意见。

◎不要让自己的支配欲代替了真实的愿望，那将会造成事与愿违的结果。

◎学会承认错误，而不是靠一味逞强来维护面子。

◎学会延迟情感表达，不要一言不合就发火甚至动手。

◎不要把错误都归结为外部原因，应该多从自己身上找问题。

◎不要逃避负面情绪，当你消沉的时候也恰恰是在体验真实感觉的时候。

◎追求公正和保护他人的想法是好的，但要克服自己渴望破坏规则的冲动。

◎遵守自己制定的秩序，凡事要以身作则。

### 给9号和平缔造者的忠告

9号和平缔造者害怕任何形式的冲突，担心自己被卷入争端的旋涡。这使得他们通常不肯表达自己的真实情绪，让内心因过分压抑自我而感到痛苦。所以，9号人格者应当从以下方面来改善自己：

◎意识到自己总想通过他人的认同来明确自己的位置。

◎意识到自己总是把他人的意见作为自己的决策依据，而忽视自身的真实想法。

◎意识到自己在承受压力时虽然不轻易发火但会以被动的方式顽抗。

◎通过设定最后期限与相对严格的时间表来帮助自己集中精神。

◎学会专注地做事，而不能总是被其他东西分心。

◎不要为了缓解情绪压力而把注意力转移到那些不重要的事物上。

◎不要让自己的困惑与犹豫不决代替真实的心声。

◎不要舍弃自己，要既能站在他人的立场上看问题，又能站在自己的立场上做事。

◎不要把个人意见一直藏在心里，要把它完整地表达出来，让大家知道你究竟怎么想。

附　录

# 九型人格的高层德行

### 1号人格者的高层德行：平静

由于事事追求完美但结果经常不能尽如人意，使得1号人格者体内积压了许多愤怒和不满。但他们害怕本能的自我战胜理智的自我，又拼命压制这种情绪。当他们真正学会接受自己的不足时，内心就会实现真正的平静，释放紧张情绪，达到真正的"完人"境界。

### 2号人格者的高层德行：谦卑

2号人格者付出的爱越多，想要索取的回报也就越多。这使得他们富有自我牺牲精神，却又无意识地用爱来控制他人，潜意识里有种施恩于人的傲慢。当他们真正意识到内心需求时会变得谦卑。不再卑躬屈膝地讨好别人或用爱来套牢别人，而是真正无私地付出爱，也不再玩"以爱换爱"的游戏。

### 3号人格者的高层德行：诚实

3号人格者在追逐成功的道路上常常会迷失自我。他们为了得到别人的欣赏而扮演一个看起来很理想的角色，而舍弃了真实的自我。这种撕裂感会让他们饱受折磨。当他们学会诚实地面对真我时，将实现真实自我与外在形象的统一，反而获得一个更能赢得大家信赖的真实形象。

### 4号人格者的高层德行：平衡

4号人格者总是花大量精力去追逐浪漫的幻想，到手后却又会觉得索然无味。他们跟着感觉走，想找回完整的自己，却越来越无法填补内心的空虚。当他们学会维持内心的平衡时，就会意识到现实比幻想更值得珍惜，真实而完整的自我不在幻想当中，在现实中同样能获得精神上的圆满。

### 5号人格者的高层德行：无执

5号人格者执着于追求全知全能，舍弃了很多东西。他们自以为无欲无求，不被情感所左右，比别人更加接近真理。其实，这只是强迫自己不接受现实中的森罗万象与人情百态罢了。当他们学会舍弃执念，就不会再通过封闭内心来抗拒现实世界，而是能坦然接受世间的一切，像镜子一样如实反映世界的实质。

### 6号人格者的高层德行：勇气

6号人格者的思维方式源于焦虑和恐惧。他们害怕自己无法应付可能发生的危险，从而变得谨慎多疑、杞人忧天，热衷于寻求权威的肯定。当他们找到坚定的信念时就能学会真正肯定自己，不再借助外部权威来增强信心。如此一来，他们将获得无与伦比的勇气来面对世上的一切困难。

### 7号人格者的高层德行：清醒

7号人格者纵情享乐，不停地投入新的活动中，是为了逃避所有负面的东西带来的痛苦。这种以及时行乐来逃避现实的做法，让他们很难集中力量去成就一件事。当他们开始学会全盘接受世界的快乐和悲伤时，就会大彻大悟，能够清醒地去做该做的事情，内心也能获得真正的充实与快乐。

### 8号人格者的高层德行：仁慈

8号人格者的优点是意志坚强、作风硬朗，缺点是控制欲和攻击性太强。他们在奋斗的过程中往往不够宽容，行事简单粗暴，从而易激起其他人的反抗。当他们学会以仁慈之心来对待他人，且以为大众谋福利为终身奋斗目标时，反而更能获得大家的拥戴，更有望借助众人之力成就大业。

### 9号人格者的高层德行：行动

9号人格者给人一种慵懒懈怠、不思进取的印象。但他们骨子里并非真懒，反而可以同时做很多事情。问题在于他们不知道什么才是最该做的、最正确的事情，于是经常为无关紧要之事分心。当他们完成对自己内心的整合时，会获得强大的行动力，积极践行自己的理想。